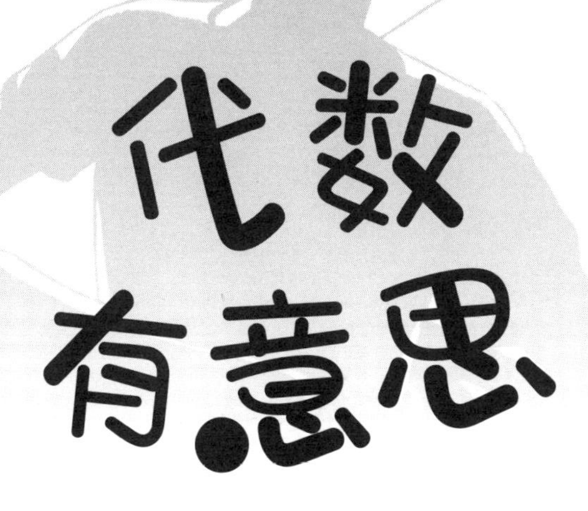

代数有意思

[英] 大卫 · 艾奇逊（David Acheson） 著
涂泓 冯承天 译

中信出版集团 | 北京

图书在版编目（CIP）数据

代数有意思 / (英) 大卫 · 艾奇逊著 ; 涂泓 , 冯承天译 . -- 北京 : 中信出版社 , 2024.4

书名原文 : The Spirit of Mathematics: Algebra and All That

ISBN 978-7-5217-6444-4

Ⅰ. ①代… Ⅱ. ①大… ②涂… ③冯… Ⅲ. ①代数 Ⅳ. ① O15

中国国家版本馆 CIP 数据核字 (2024) 第 054014 号

代数有意思
著者：　[英] 大卫 · 艾奇逊
译者：　涂　泓　冯承天
出版发行：中信出版集团股份有限公司
（北京市朝阳区东三环北路 27 号嘉铭中心　邮编　100020）
承印者：　北京联兴盛业印刷股份有限公司

开本：787mm×1092mm　1/32　　印张：7　　字数：117 千字
版次：2024 年 4 月第 1 版　　印次：2024 年 4 月第 1 次印刷
京权图字：01–2024–1544　　书号：ISBN 978–7–5217–6444–4
定价：59.00 元

服务热线：400–600–8099
投稿邮箱：author@citicpub.com

本书所获赞誉

这是一本有趣的书，它以学校中学到的那些简单的数学知识为素材，通过解决一些有趣的问题，向大众展示数学的精彩。无须什么高深知识，大众就能轻松享受阅读的乐趣，领略数学的魅力！

林群

中国科学院院士，中国科学院数学与系统科学研究院研究员

这本数学科普读物通过一些数学史上的小故事，介绍了代数、算术和几何中的一些十分有趣的问题，这些问题可以引起青少年学生对数学的兴趣，而兴趣往往是产生学习动力、增强科研创造力的源泉。

数学是中小学阶段重要的课程之一，有人说数学是科学的皇后。然而，数学课本往往严谨有余而趣味性不足，这本书恰好可以弥补这方面的短缺。

这本书适合中学生、小学高年级学生阅读，也可供中小学数学教师以及广大数学爱好者参考。

赵峥

北京师范大学物理系教授，中国物理学会引力与相对论

天体物理分会前理事长

这是一本内容有趣的数学科普小书，读者从中能学到不少数学知识，增添考虑问题的新视角，感受到数学之美。

冯承天

上海师范大学退休教授，本书译者之一

大多数人对于数学的畏惧，不是来自数学本身，而是来自最初接触数学时所遇到的枯燥呈现方式。这本有趣的数学书告诉你，通过撕纸就能证明三角形的内角之和等于 180°，而听来高深的无穷级数求和，也可以用一些三角形、正方形，甚至用巧克力来证明。更重要的是，斯诺克台球、多米诺骨牌，乃至穿越地球之旅，无一不能用数学给出简洁的、令你豁然开朗的解释。那么，你是否愿意跟随本书重新认识数学，欣赏数学的迷人之处呢？

涂泓

天体物理学博士，上海师范大学数理学院副教授

数学蕴含着巨大的力量。这本书通过生动的案例和深入浅出的解析，给你带来逻辑思维的培养、空间想象能力的提升，以及解决问题的乐趣。这就是数学思维的魅力。

卢瑜

《天文爱好者》杂志社社长

这是一本很有意思的小书，它把知识灵活应用在生活里，摆脱了课本的条条框框。你会在阅读的过程中发现，哇，原来除了解题，代数还有那么广阔的世界！

周思益（弦论世界）

重庆大学物理学院副教授

与其说这是一本数学科普书，不如说这是一本培养认识论、方法论的书。大卫·艾奇逊流畅欢快的文字，让人对数学不那么心生畏惧。他不仅是要让读者认识数学、爱上数学，更重要的是让人明白数学存在的真正意义，那就是让人学会数学独有的思维方式，学会用数学的思维观察、分析并解决问题。艾奇逊的文字让人明白学习数学不仅是数学专业人士的事，从某种意义上说，数学对任何一个人都有无穷的力量，学会数学思维并把它应用于学习工作生活的方方面面，会给你一个全新的、认识世界的角度。建议大中小学的学生和家长读一读这本书，这本书会帮助家长更好地进行家庭教育，会帮助学生找到更加符合自己的学习方法和习惯，从而更加科学地规划未来。

王珊

天津市河西区南开翔宇学校高中部数学教师

目录

01 引言 / 001

02 A、B 和 C，这三位究竟怎样了？ / 005

03 1089 戏法 / 013

04 另一种戏法 / 020

05 请想象一下…… / 028

06 一场非同寻常的演讲 / 035

07 数学家为什么痴迷于证明？ / 041

08 益智数学 / 047

09 为什么（–1）×（–1）= +1？ / 056

10 这是一个平方的世界 / 064

11 代数在发挥作用 / 070

12 “配成平方” / 076

13 用切馅饼来求圆周率 / 083

14 黄金比例 / 089

15 用巧克力来证明 / 093

16 困惑的农夫 / 100

17 数学与斯诺克 / 104

18 一位邪恶的老师 / 108

19 列车、船和飞机 / 115

20 我以前在某个地方见过…… / 123

21 一个苹果掉下来了…… / 129

22 过山车数学 / 134

23 重新审视电吉他 / 139

24 多米诺骨牌效应 / 147

25 实数还是虚数? / 154

26 −1 的平方根 / 159

27 黎曼探长探案…… / 167

28 无限带来的危险 / 171

29 1 + 1 = 2 来帮忙了! / 177

30 最后…… / 183

注释 / 187

致谢 / 204

图片来源 / 205

索引 / 207

01 引言

仅仅通过简单的素材就能捕捉到数学的全部精神吗？

我当然希望如此，因为这就是本书打算做到的。我心目中的“简单素材”就是我们大家在学校里遇到过的算术、代数和几何中最基本的那些部分。

"这是我一直讨厌的部分."

图 1　数学起作用了

我认为，对许多人来说，其中最不易弄懂的是代数。

而且，据我所知，代数的难点通常可以用一个简单的问题来概括：代数到底是用来干什么的？

*　　*　　*

在我看来，代数首先能帮助我们表达数学中的一般陈述和思想。我认为，用公式的概念可以最简单地说明这一点。

举例来说，我们在图 2 中给出了一把吉他的弦在振动时的频率公式。在下文适当的地方，我们不仅会看到所有这些符号的含义，还会看到这个公式在实践中是如何实际运用的。

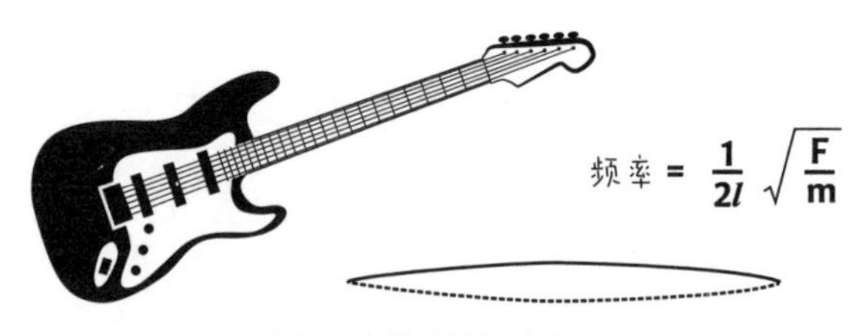

图 2　吉他弦的振动公式

这里 F 表示弦的张力，l 表示弦的长度，m 表示单位长度的弦的质量

*　　*　　*

图 3 给出的结果显示了代数另一种完全不同的一般

性。在这里，它是一种纯数学上的一般性，这个公式对于任何数 x 和 a 都成立，无论它们是正数还是负数。

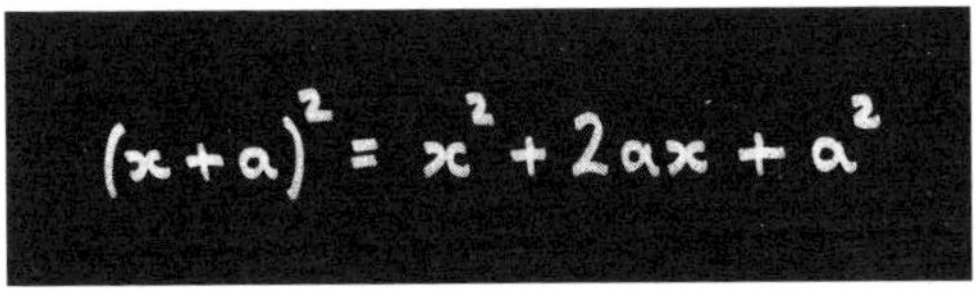

$$(x+a)^2 = x^2 + 2ax + a^2$$

图 3　代数精神的最佳体现

而且，信不信由你，这个特殊的结果在某种意义上会是本书的一颗“明星”。在适当的时候，我会再次解释这些符号的含义，以及为什么这个结果本身是正确的。

*　　　*　　　*

不过，在这一点上，我猜有些读者可能会有些困惑，并暗暗地想：“我原本以为代数就是求 x。”

求出某个最初未知的数在这门学科的历史上一直发挥着重要作用，这当然是事实。

毕竟，我们之中的许多人都是从这样的小问题开始学习代数的：

7 年后，我的年龄将是我 7 年前年龄的 2 倍。

我现在多大了？

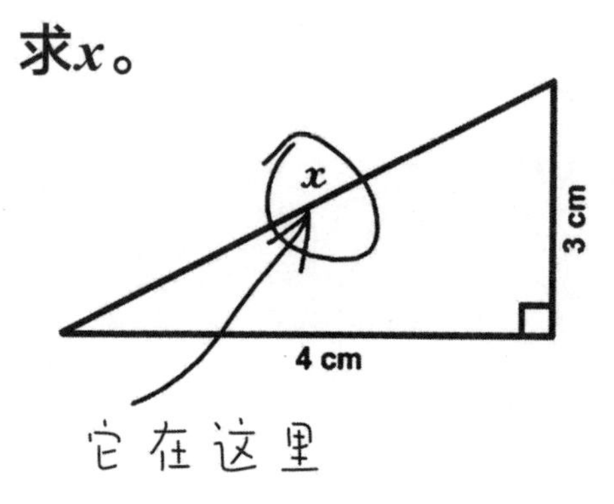

图 4　一个玩笑，还是一份真实的学校作业？似乎没有人知道

如果我们设 x 表示我现在的年龄（单位是岁），那么上题实际上就告诉我们：

$$x + 7 = 2(x - 7)$$

将右边的 2 乘到括号中，就得到：

$$x + 7 = 2x - 14$$

然后两边都减去 x，我们得到 $x - 14 = 7$。

因此，我现在 21 岁。（我在白日做梦。）

这样的小问题唯一的欠缺就是，它们看起来很不自然、相当刻意。

或者说，它们甚至是颇为荒唐可笑的……

02

A、B 和 C，这三位究竟怎样了？

20 世纪 50 年代，当我还在上学的时候，我们做过很多像这样的题目：

> A 和 B 一起工作，用 4 小时可以灌满一个浴缸。A 和 C 一起工作，用 5 小时可以灌满一个浴缸。B 灌水的速率是 C 的两倍。
>
> C 独自工作，需要多长时间才能灌满浴缸？

那么，解这类题目的诀窍在于，总是关注每个人在给定时间（比如 1 小时）内能完成整个任务的比例。

因此，如果我们设对应 A、B 和 C 的这些分数分别是 a、b 和 c，那么我们就能列出：

图 5　数学里的浴缸灌水问题

$$a+b=\frac{1}{4}$$

$$a+c=\frac{1}{5}$$

$$b=2c$$

这是因为 A 和 B 一起可以在 1 小时内灌满浴缸的$\frac{1}{4}$，而其他情况也可类似地推出。

这样，对于三个“未知数”a、b 和 c，我们就有了三个方程。

现在，由于我们真正感兴趣的只是 c 的值，因此尝试消去 a 和 b 是有意义的。

消去 b 很容易，我们可以将第三个方程 $b = 2c$ 代入第一个方程中的 b，得到：

$$a + 2c = \frac{1}{4}$$

然后，如果我们把第二个方程改写为 $a = \frac{1}{5} - c$，就可以用它来消去 a：

$$\frac{1}{5} - c + 2c = \frac{1}{4}$$

上式可简化为：

$$c = \frac{1}{4} - \frac{1}{5} = \frac{1}{20}$$

因此，C 用 1 小时可以灌满这个浴缸的 $\frac{1}{20}$，所以如果他独自工作，那他就需要 20 个小时才能灌满这个浴缸。坦率地说，这个答案真让人不忍细想。

数学中人的因素?

人们很容易取笑这类题目，但它可能还比不上加拿大幽默大师斯蒂芬·里柯克（Stephen Leacock，1869—1944）在 1910 年首次发表的一篇著名文章中提及的题目那么巧妙。

里柯克设定 A 总是三个人中最强壮、最有活力的，B 排在第二位，而 C 是最弱不禁风的。

图 6　斯蒂芬·里柯克

《A、B 和 C：数学中人的因素》（“A，B，and C；the Human Element in Mathematics”）一文的作者

对此，里柯克是这样说的：

可怜的 C 身材矮小，身体虚弱，哭丧着脸。不停地走路、挖掘和抽水损坏了他的健康，破坏了他的神经系统……正如汉布林·史密斯所说，“A 在 1 小时内能做的工作比 C 在 4 小时内做的工作

还要多。”

然而，有一些证据表明，里柯克并没有像人们所希望的那样彻底地进行他的研究。

里柯克所提到的詹姆斯·汉布林·史密斯（James Hamblin Smith，里柯克的拼写有点不准确）是19世纪剑桥大学一位非常成功的个人导师，我们如果翻到他的《算术专论》（*Treatise on Arithmetic*，1889）第172页，确实会发现A、B和C执行了各种各样的任务，包括图7所示的这个任务。

> A完成一项工作需要3小时，这是B和C一起完成这项工作所需时间的2倍；A和C一起完成这项工作需要$1\frac{1}{3}$小时。那么B单独完成这项工作需要多长时间？

图7　摘自汉布林·史密斯1889年的《算术专论》

于是，这里发生了一件非常奇怪的事情。

该题告诉我们，A可以用3小时完成这项工作，所以想象一下A有一个双胞胎兄弟。他们一起工作，就

可以用 $1\frac{1}{2}$ 小时完成这项工作。不过，如果 A 与 C 一起工作，却可以更快地完成这项工作——只需 $1\frac{1}{3}$ 小时。

这意味着 C 一定比 A 干得快！

进一步的研究表明，C 也比 B 干得快。这确实是 C 的光荣时刻。

同样值得注意的是，B 最终会发疯（图 8）。

A 完成一项工作需要 6 天，而 B 可以用 4 天破坏掉这项工作。A 已经工作了 10 天，而后 5 天，B 一直在搞破坏。A 从现在开始单独工作，还需要多少天才能完成他的任务？

图 8　一个意想不到的转折，摘自汉布林 · 史密斯 1889 年的《算术专论》

有格调的浴缸灌水方式？

虽然看起来很奇怪，但即使是给浴缸灌水也为优雅的数学提供了用武之地。

例如，考虑下面这道题：

A和B可以用3小时灌满一个浴缸，A和C可以用4小时灌满这个浴缸，B和C可以用6小时灌满这个浴缸。如果他们三个人一起工作，需要多长时间灌满这个浴缸？

和之前一样，我们首先设他们各自单独工作时，1小时可以在浴缸中灌水的比例分别是a、b和c。这样我们就能列出下列三个方程：

$$a+b=\frac{1}{3}$$

$$a+c=\frac{1}{4}$$

$$b+c=\frac{1}{6}$$

现在，我们可以用之前讲过的那个方法来求解这些方程，以求出c的值，而一旦我们知道了c，那么从第二个和第三个方程中能很快得到a和b的值。

然而，值得注意的是，就这道特定的题目而言，a、b和c的这些单独的值几乎无关紧要，我们真正需要知道的是$a+b+c$的总和，这样才能得到“三个人一起工作”的答案。

因此，还有一种更简洁的方式来得到所要求的结果。

我们只要注意到：

$$2(a+b+c)=(a+b)+(a+c)+(b+c)$$

$$=\frac{1}{3}+\frac{1}{4}+\frac{1}{6}$$

由此，我们就直接得到了 $a+b+c$ 值为$\frac{3}{8}$，因此三个人一起工作就需要$\frac{8}{3}=2\frac{2}{3}$小时灌满这个浴缸。

至少在我看来，即使在这样一个无望的、空想的设定下，我们这里也有一个用简单素材就能描述优雅数学的完美例子。

03
1089 戏法

数学在其表现最佳时，往往会有惊喜的成分，而我所知道的最简单的例子是下面这个魔术般的演示。

第一步是写下一个三位数。

任何这样的数都可以，只要第一位数字比最后一位数字大 2 或更多。

现在把你的数逆序，然后将两数相减。最后，将相减的结果与它的逆序数相加。

这样得出的最后答案总是 1089（图 9）。

1956 年，10 岁的我第一次在《我是“间谍”年刊》[①]

① “我是间谍”是一种猜谜游戏，一个玩家作为“间谍”说出自己所看到东西名字的首字母，其他玩家通过提问找出答案。“我是间谍”也是一系列儿童书籍和杂志的品牌。——编者注

（*I-SPY Annual*）上看到这个戏法（图 10）。

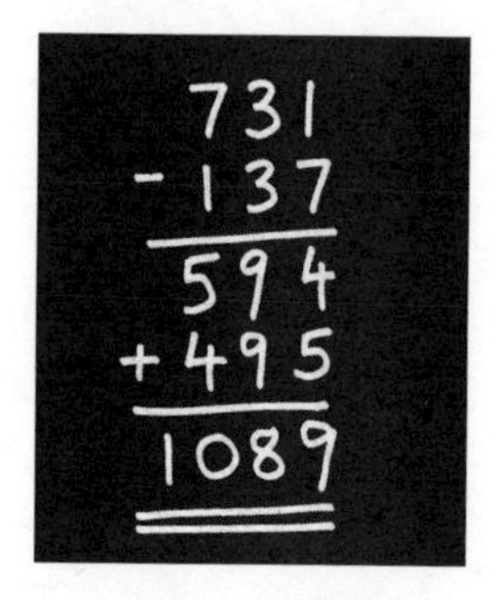

图 9　1089 戏法

图 10　很久以前一个激动人心的时刻

尽管这并不完全是"严肃"的数学，但它让我大吃了一惊。

这为什么会奏效?

设起始数的各位数字为 a、b 和 c，其中 $a-c$ 大于 1。那么这个数实际上是 $100a+10b+c$，将这个数与它的逆序数相减之后，我们得到：

$$
\begin{aligned}
&100a+10b+c-(100c+10b+a)\\
&=100a+10b+c-100c-10b-a\\
&=99a-99c\\
&=99(a-c)
\end{aligned}
$$

所以，在戏法的第一部分结束时，我们总是会得到一个 99 的倍数。

不过，$a-c$ 至少等于 2，至多等于 9，所以在这里 99 的可能倍数有：

198

297

396

495

594

693

792

891

而当从上往下观察这列数字时，我们会发现第一位数字每增加 1，最后一位数字就减少 1。

当然，这并不神秘，因为加上一个 99 就等于加上 100 再减去 1。因此，该列数字中任何数的第一位和最后一位加起来总是等于 9。

因此，当我们将这列数字中的任何一个数与它的逆序数相加时——这是“戏法”的最后一部分——我们从第一位得到 9 个 100，从第三位得到 9 个 1，从第二位得到 2 个 90，由此得出：

$$900 + 9 + 180 = 1089$$

这是谁发明的?

这个戏法的历史有点奇特。

在 1893 年的《男孩自己的报纸》(*Boy's Own Paper*) 中，出现了一个使用英镑、先令和便士的版本！

最后的答案总是 12 英镑 18 先令 11 便士（图 11）。

一个有趣的可能性是，这个版本的戏法是由牛津大学的数学家查尔斯·道奇森（Charles Dodgson）发明的——他更为人所知的名字是《爱丽丝梦游仙境》（*Alice's Adventures in Wonderland*）的作者刘易斯·卡罗尔（Lewis Carroll）——尽管唯一的证据似乎来自1899年的《刘易斯·卡罗尔图画书》（*The Lewis Carroll Picture Book*）一书。这是他的侄子编写的，其中将这个戏法描述为：

> “这是数字的趣味，我相信是道奇森先生发现的。”

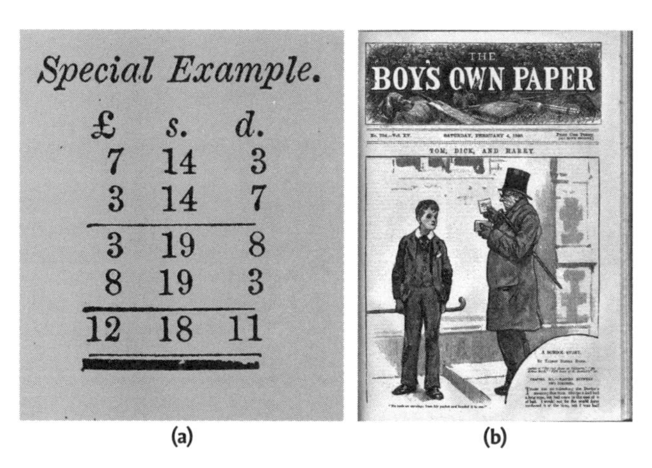

Special Example.

£	s.	d.
7	14	3
3	14	7
3	19	8
8	19	3
12	18	11

(a)　　　　(b)

图11　摘自《男孩自己的报纸》

这里1英镑（£）等于20先令（s），1先令等于12便士（p）

无论如何，这个货币版本似乎早于1089戏法本身。并且直到20世纪50年代初，它一直具有重大影响，不时出现在《威兰的魔法》(*Willane's Wizardry*)和《麦克叔叔的儿童时间故事书》(*Uncle Mac's Children's Hour Story Book*)这样一些书中。

另一种解释

1089 戏法本身似乎最早出现在 1896 年劳森·鲍尔(Rouse Ball)的一本趣味数学书的法语版中。现在这本书已经成为经典。书中对这个戏法为何能奏效给出了一个略微不同的解释(图 12)。

ARITHMÉTIQUE 15

Le tableau récapitulatif suivant explique avec un exemple notre règle.

(1°)	732	$100.a + 10.b + c$	On suppose $c < a$.
(2°)	237	$100.c + 10.b + a$	
(3°)	495	$100(a - c - 1) + 90 + (10 + c - a)$	
(4°)	594	$100(10 + c - a) + 90 + (a - c - 1)$	
(5°)	1089	$900 + 180 + 9$	

图 12　1089 戏法在 J. 菲茨帕特里克(J. Fitzpatrick)的《古今趣味数学问题》(*Recreations et Problemes Mathematiques des Temps Anciens et Modernes*,1896)一书中的形式。在第三步中,为了避免第二个括号为负,将其中的一个 100 转换成了 90 + 10

我自己一直更喜欢上面的第一种解释，我觉得它更为基本。但是我也很能理解为什么有些人可能更喜欢图 12 中的那种解释，因为 a、b 和 c 在其中都以巧妙的方式抵消了！

04
另一种戏法

数学最大的乐趣之一在于它所使用的一些实际方法，我一直很喜欢构成反证法基础的整个思想。

这种方法的主旨是要表明如果某个命题不成立，那就会出现某种矛盾或荒谬的情况，从而证明该命题成立。

这种证明方法的唯一缺点是，你通常无法事先知道矛盾或荒谬会如何产生。

因此，你必须保持头脑清醒！

"我信奉一句古老的箴言：当你排除了一切不可能的情况，那么剩下来的，无论看似多么不可能，都必定是真相。"

图 13　这是反证法？或者只是有点类似？夏洛克·福尔摩斯（Sherlock Holmes）的这句名言出现在《绿玉皇冠案》（*The Adventure of the Beryl Coronet*）中

为了说明反证法，我现在想借助于幻方这一实例，它是我所知道的用简单素材来呈现优雅数学的最佳例子之一。

幻方

幻方是指一个数字方阵，其中每一列、每一行、每条对角线上的数字之和都相同，这个和就称为这个幻方的“幻方常数”M。

图 14 展示了一个最简单的例子，其中只用到前 9 个整数。

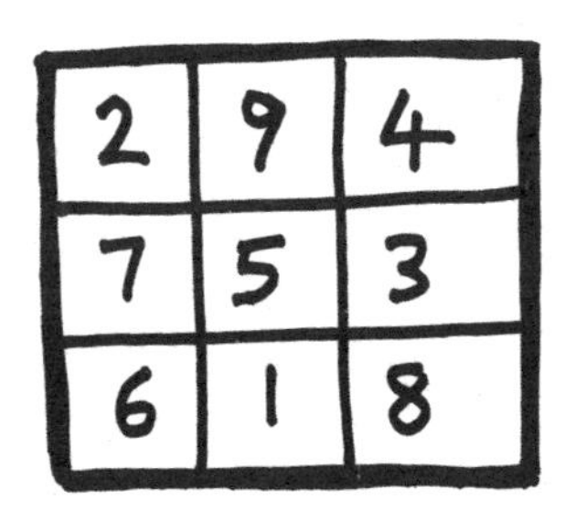

图 14　一个幻方

但是，如何才能构造出这样一个幻方呢？

幻方常数

第一步是计算出幻方常数 M，这很容易，因为 1，…，9 这些数加起来等于 45，幻方中一共有 3 行，每一行之和就是 M。

所以此时 M 一定是 15。

哪个数填入中间的那个格子？

答案是 5，我们可以用反证法来证明。

首先假设图 15 中间格子里的数小于 5，比如说是 4。

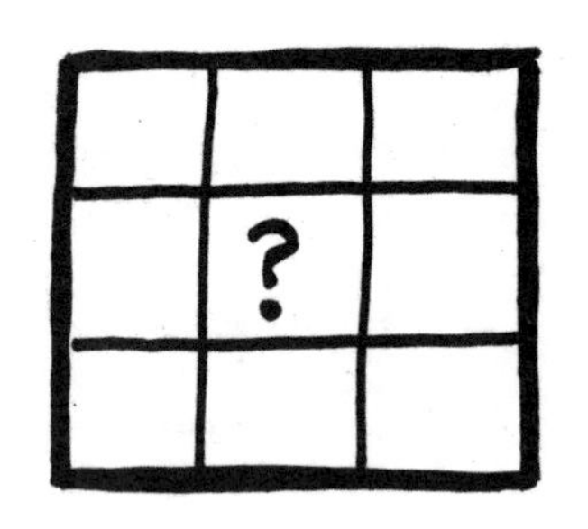

图 15　哪个数放中间？

于是接下来的问题是：1 要放在哪里？我们无论把 1 放在哪里，都会发现有一些行、列或对角线上最多只能做到 $1 + 4 + 9 = 14$，而不是 15。如果中间格子里的数是 3、2 或 1，同样的问题也会出现。

因此，中间格子里的数不能小于 5。

如果我们把一个大于 5 的数放进中间格子，比如说 6，我们就会遇到一个类似的问题：9 要填在哪里才行？

所以中间格子的数字必须是 5。

9 不能填在四个角落的格子里

我们也可以用反证法来证明这一点。

那么，假设 9 可以填入一个角落的格子里（图 16），在这种情况下，对角格子里的数必须是 1。

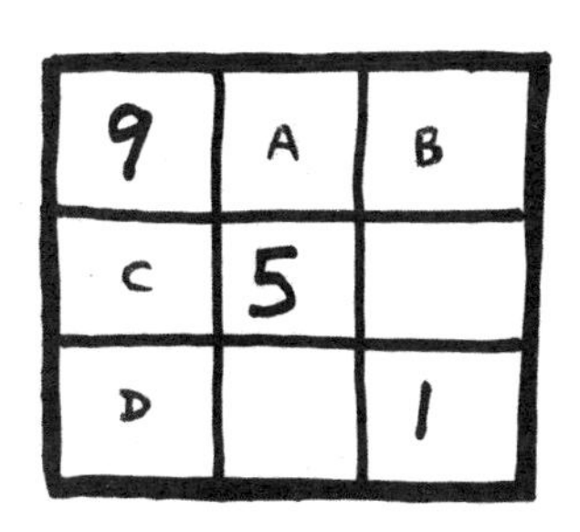

图 16　采用反证法的另一个证明

但是这样一来，我们就需要图 16 中的 A + B = 6 和 C + D = 6 同时成立，然而这是不可能的，因为 1 和 5

已经“用掉”了，只剩下三个小于6的数字，即2、3和4。它们不可能同时满足上面这两个等式，所以9不能填入任意一个角落的格子里。

于是就到了最后几步……

在将9填入一个非角落的格子后［图17（a）］，我们现在需要E + F = 6。现在只有2、3和4可以用，这样就有两种可能性：E = 2，F = 4或E = 4，F = 2。

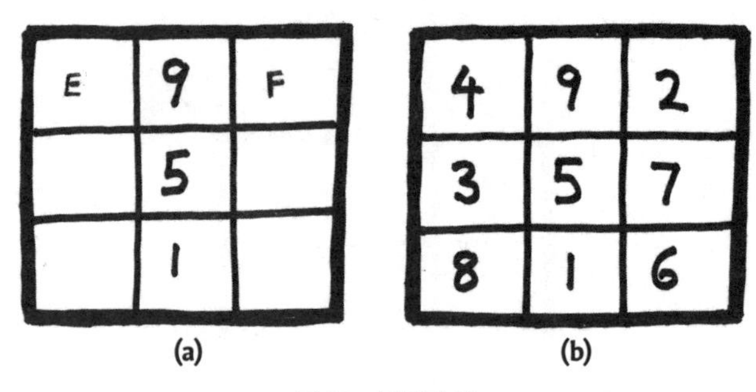

图17　最后几步

借助幻方常数15，若选择第一种可能性，我们再继续填下去，就会得出一开始的那个幻方（图14），若选择第二种可能性，就会得出图17（b），而这本质上是同一个幻方，只是从“背面”看而已。

事实上，仅包含 1，2，…，9 这九个数的幻方只有一个，其他的都是对图 14 的“微不足道”的重新排列，比如说旋转。

* * *

然而，尽管前面的一些论述确实阐明了反证法的概念，但是它们还没有真正反映出它的全部威力。

这是因为我们每次都只是用它摒弃了少量的其他可能性。

然而，可以说，只有当要被摒弃的其他可能性的数量无限多时，反证法的全部威力才会真正发挥出来。

在 x 出现之前

约公元前 1800 年

代数问题以文字形式出现在巴比伦泥板上。

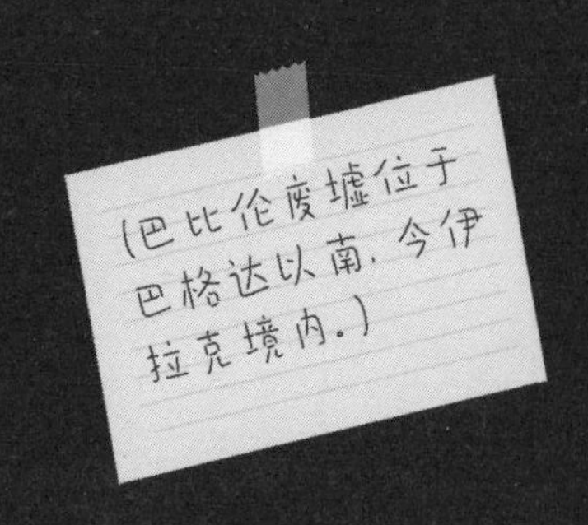

（巴比伦废墟位于巴格达以南，今伊拉克境内。）

约公元 850 年

花拉子米（al-Khowārizmī）是巴格达"智慧宫"的波斯数学家。

他撰写了著名的《代数学》（*al-jabr wal-muqābala*）一书，"algebra"（代数）一词就来自书名中的"al-jabr"。

1557 年

罗伯特·雷科德（Robert Recorde）在他的《砺智石》（*The Whetstone of Witte*）一书中引入了“=”这个符号。我们现在会把他当时的那个等式写成 $14x + 15 = 71$。

1637 年

勒内·笛卡儿（René Descartes）在他的《几何学》（*La Géométrie*）一书中，用 a、b、c 等来表示“给定的”数，用 x、y、z 等来表示我们试图求解的“未知量”。

05
请想象一下……

数学通常需要一点想象力，在初等几何中可以找到很多好的例子。

为了明白我的意思，请先拿一副圆规，用它来画一个圆，然后画出它的一条直径，端点为 A 和 B（图 18）。

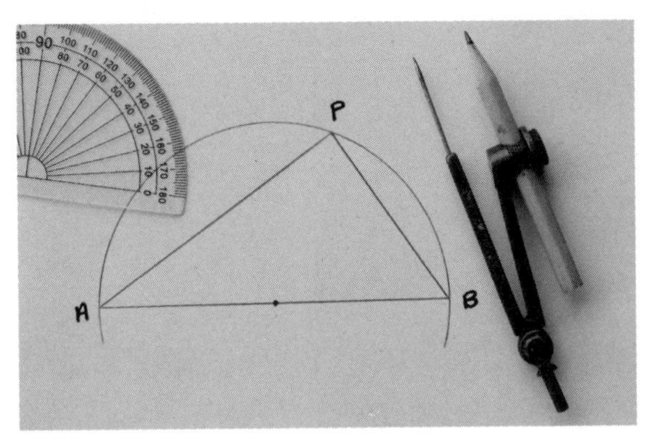

图 18　泰勒斯定理

最后，取圆周上的任意点 P，并用直线将其与 A 和 B 相连。

那么 PA 与 PB 的夹角总是 90°。

这个令人惊讶的结果被称为泰勒斯定理（*Thales's theorem*）[①]，可以追溯到公元前 600 年左右的古希腊。

我们很快就会看到，要证明这一点是需要一点想象力的。

欧几里得的《几何原本》

虽然人们有时认为是泰勒斯引入了几何学，将其作为一门严谨有序的、归纳演绎的学科，但真正将定理和证明的整个概念提升到新的、开创性高度的，是大约 300 年后的欧几里得（Euclid）。

尽管欧几里得的《几何原本》（*Elements*）有着极其简洁的阐述风格（甚至可能正因为如此），但它比人类历史上几乎任何其他书籍都有着更大的影响力，出版

① 参见《他们创造了数学：50 位著名数学家的故事》，阿尔弗雷德 · S. 波萨门蒂尔、克里斯蒂安 · 施普赖策著，涂泓、冯承天译，人民邮电出版社，2022。——译者注

了更多的版本（图 19）。

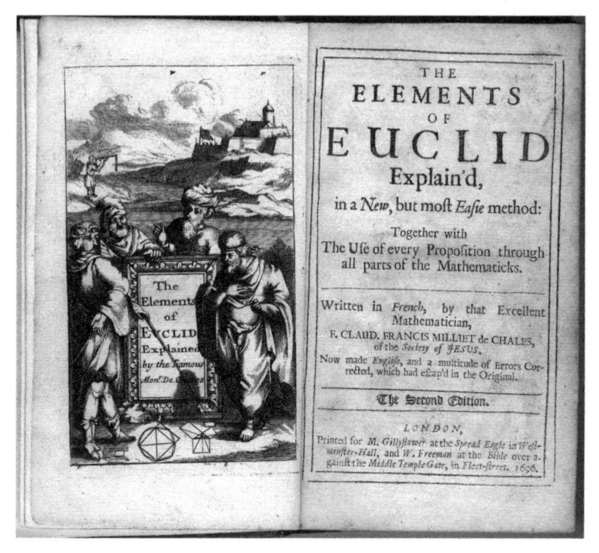
The
Elements
of
EUCLID
Explained
by the Famous

THE
ELEMENTS
OF
EUCLID
Explain'd,
in a *New*, but moſt *Eaſie* method:
Together with
The Uſe of every Propoſition through all parts of the Mathematicks.

Written in *French*, by that Excellent Mathematician,
F. CLAUD. FRANCIS MILLIET de CHALES, of the *Society of JESUS*.
Now made *Engliſh*, and a multitude of Errors Corrected, which had eſcap'd in the Original.

The Second Edition.

LONDON,
Printed for *M. Gillyflower* at the *Spread Eagle* in *Weſtminſter-Hall*, and *W. Freeman* at the *Bible* over againſt the *Middle Temple Gate*, in *Fleet-ſtreet*. 1696.

图 19　欧几里得《几何原本》一个流行的英文版，
译自德 · 沙勒（de Chasles）的法语原版

例如，在 19 世纪，伊顿公学有一位校长，人们曾经这样说他。

他把世界上的书分为三类：

第一类：《圣经》；

第二类：欧几里得的《几何原本》；

第三类：其他所有书。

为了证明泰勒斯定理，我们需要欧几里得早已证明了的两个关于三角形的结论。

第一个，如果我们有一个等腰三角形，即有两条边相等的三角形，那么它的两个“底角”总是相等的（图 20）。

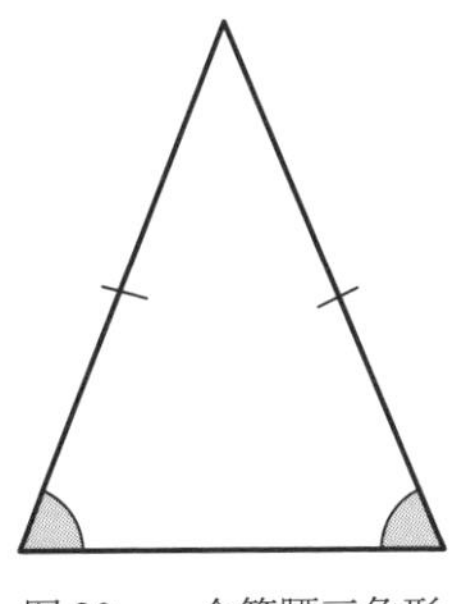

图 20　一个等腰三角形

我猜测有很多人会觉得这个特殊的结论是相当显而易见的。毕竟，如果我们简单地“翻转”图 20 中的三角形，它看起来会和翻转前完全一样。

我们需要的第二个结论虽然是众所周知的，但我认为它远没有那么明显。这个结论是：任何三角形的三个内角相加之和都是 180° 。

在这方面，许多读者很可能会熟悉图 21 中的这个小实验。我们将一个纸三角形撕开，然后重新摆放这些碎片，将它们拼成看上去像一条直线，我认为值得说清楚这样做为什么不是一个证明。这不仅仅是因为这种方法有不可避免的“实验误差”，更根本的原因是，每次实验都仅涉及一个特定的三角形。

图 21　三角形的内角和，取自 W. D. 库利（W. D. Cooley）的《几何原理：简化与解释》（*Elements of Geometry Simplified and Explained*，1860）

然而，这个结论对任意三角形都是成立的。事实上，这正是我们未来的任务所需要的……

泰勒斯定理

我们想证明，如果 P 是图 18 中半圆上的任意一点，那么∠ APB = 90°。

至少根据我的经验，我们几乎从来没有仅仅盯着原始图看，就能证明几何中的任何东西。我们几乎总是要对它做点什么。换句话说，我们必须摆弄这个问题，这样试试，再那样试试。

因此，想象一下，使点 P 离开该半圆，把它移到远离 A 和 B 的地方。至少对我来说，似乎很明显，这样我们就可以使∠ APB 变得很小。类似地，将 P 移动到离圆心 O 足够近的位置，我们就可以使∠ APB 尽可能接近 180°。

这就表明，如果 P 的位置是任意的，那么我们要求的结论显然不成立，因此我们必须找到一种方法，从数学上来表达 P 位于半圆周上。

圆是用下面的性质来定义的：一个圆上的所有点到圆心 O 的距离都相同。所以最实际的方法似乎是连接线段 OP，并注意到 OP = OA = OB。

事实证明，这个稍微需要一点想象力的步骤是一个神来之笔，因为我们突然发现我们得到了两个等腰三角形。

因此，在图 22 中，两个“底角”a 相等，另外两个底角 b 也相等。

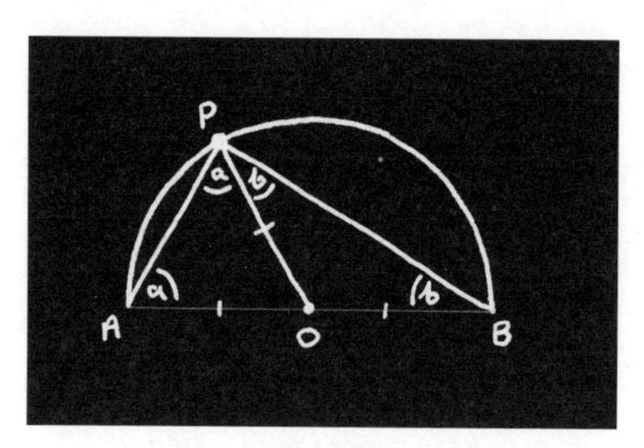

图 22　泰勒斯定理的证明

最后，根据原始三角形 APB 的三个角加起来必定是 180°，就有

$$a+(a+b)+b=180°$$

所以，$2(a+b)=180°$，由此可得 $(a+b)=90°$。所以∠ APB = 90° 。这样，泰勒斯定理就得到了证明！

06
一场非同寻常的演讲

1903 年 10 月，哥伦比亚大学教授弗兰克·纳尔逊·科尔（Frank Nelson Cole，1861—1926）（图 23）给美国数学学会做了一次非常奇怪的演讲。

图 23　弗兰克·纳尔逊·科尔

科尔是一个沉默寡言的人，即使在最好的时候也是这样，但在这个特别的场合，他在整场演讲中一句话都没说。

取而代之的是，他在黑板上写下了算式：

$$2^{67}-1$$

然后通过笔算将它乘出来，直到最终得到：

$$147\ 573\ 952\ 589\ 676\ 412\ 927$$

然后，在另一块黑板上，他写下了以下乘积：

$$193\ 707\ 721 \times 761\ 838\ 257\ 287$$

并再次通过笔算将这一乘积算了出来，最后两块黑板给出了相同的答案。

然后他坐了下来。

为了弄清楚这里到底发生了什么，我们需要简短地探索一下有点奇怪的素数世界。

素数时间①

素数是只能被自身和 1 整除的正整数。

---

① 原文是“prime time”，常用来表示“黄金时间”，其中的“prime”既可表示“首要的”，也可表示“素数”。——译者注

例如，13 是素数，但 15 不是，因为它可以被 3 或 5 整除。

最前面几个素数是：

2，3，5，7，11，13，17，19，23，…

任何正整数要么是素数，要么是可以写成两个或多个素因数乘积的合数（图 24）。

图 24　260 的素因数

所以，可以表示为 2^n-1 的形式的素数在理论中扮演着特殊的角色，这些数以法国修道士马林 · 梅森（Marin

Mersenne，1588—1648）的名字命名。

只有当 n 本身是素数时，梅森数才可能是素数，最前面几个例子是素数：

$$2^2 - 1 = 3$$

$$2^3 - 1 = 7$$

$$2^5 - 1 = 31$$

$$2^7 - 1 = 127$$

然而，下一个素数 $n = 11$ 给出的梅森数提供了一个不是素数的实例：

$$\begin{aligned} 2^{11} - 1 &= 2047 \\ &= 23 \times 89 \end{aligned}$$

因此，n 是素数对于 $2^n - 1$ 是素数是必要条件，但不是充分条件。

当科尔在 1903 年走上讲台时，人们实际上早就已经知道了 $2^{67} - 1$ 不是素数。问题在于它的素因数如此之大，以至于没有人能够找到它们！

事实上，即使在现在，对于一些确实非常大的数，要找出它们的各个素因数也几乎是不可能的，而且，正如许多读者很可能知道的那样，这正是公钥密码学和互联网安全的基础。

梅森素数继续在理论中扮演着重要角色，因为在撰写本文时，已知的最大素数就是梅森型的：

$$2^{82589933}-1$$

它有超过 2400 万位数字。

不过，素数永远不会有“用完”的危险。

这是因为我们有 2000 多年前的一个非凡的结果，它表明素数的数量是无限的。

无穷多的素数

我们将用反证法来证明这一点，我们下面使用的方法对亚历山大城欧几里得的原始证明做了改动。

图 25　亚历山大城的欧几里得

假设素数的个数是有限的。

那么就会存在某个最大的素数，我们称之为 p。

现在考虑将所有素数相乘并加上 1 得到的数：

$$N=2\times 3\times 5\times \cdots \times p+1$$

这个数肯定大于 p，因为 p 是最大的素数，所以这个新的数 N 不可能是素数。因此，必定可以把它写成几个素数的乘积，也就是说，它必定至少能被一个素数整除。

但事实并非如此，这是由我们构建它的方式得出的：如果你用 N 去除以（假定是完整的）列表 2，3，5，⋯，p 中的任何一个素数，你总是会得到余数 1。

由此，我们就得出了一个矛盾，唯一的出路只能是最初的假设是错误的。

所以素数的数量是无限的。

07

数学家为什么痴迷于证明?

数学中的一些题目可能表述起来很容易，但要解答却很难。

举例来说，1886 年，布里斯托尔的克利夫顿学院（Clifton College）（图 26）院长 J. M. 威尔逊（J. M. Wilson）向全校公布了下面这道“挑战题”：

图 26　布里斯托尔克利夫顿学院，1898 年

证明最多用四种颜色就可以给任何平面地图上色（相邻的国家有不同的颜色）。

这个问题当时已经存在了大约 30 年，图 27 显示了一个确实需要四种颜色的简单例子。

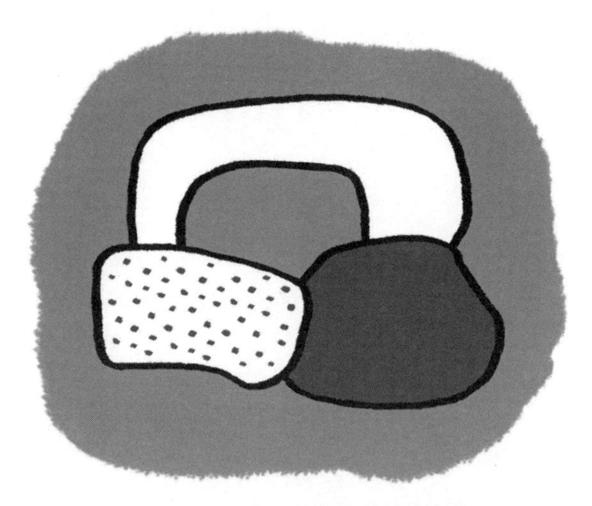

图 27　一幅需要四种颜色的简单地图

威尔逊要求他的年轻学生们在“12 月 1 日当天或之前”提交解答，但附带了一个严格的条件：

任何解答都不得超过 30 行一页的手稿或一页图表。

但事实证明，这太过于乐观了。

90 年后，当 K. 阿佩尔（K. Appel）和 W. 黑肯（W. Haken）最终证明四色定理时，该证明包含了 1 万张图表，打印相关计算过程的纸在地面上堆了 4 英尺（1.2 米）高。它甚至提出了有关数学中整个证明概念的一些基本问题。

“设法证明定理”

我认为，对许多人来说，关于证明的关键问题更为实际，即：数学家究竟为什么如此痴迷于证明？

当然，最显而易见的答案是，如果没有证明，所讨论的命题可能就是错误的（图 28）。

但是，如果我们更深入地探究，问一下这是如何发生的，那么我们就会发现，这在很大程度上是因为数学家总是喜欢做出一般性的论断，声称这样或那样的陈述在无限多的特例中都是正确的。

从某种意义上说，这是去追求一种时时有挑战的惊险生活。

星期一：设法证明定理
星期二：设法证明定理
星期三：设法证明定理
星期四：设法证明定理
星期五：定理错误

图 28　这是一位典型数学研究者一周的安排。这种略带戏谑的看法应归功于朱莉娅·鲁宾孙（Julia Robinson，1919—1985）

一个诱人的命题

例如，考虑以下陈述：

命题：对于所有正整数 n，$991n^2+1$ 都不是一个完全平方数。

这里所说的“完全平方数”是指一个整数的平方，除非你碰巧是数学这一领域中的专家（我肯定不是），否则很自然的做法是从考虑几个简单的例子开始。

例如，若 $n=1$，则 $991n^2+1=992$，这不是一个完全平方数，最接近的完全平方数是 $31^2=961$。

若 $n=2$，我们求得 $991n^2+1=3965$，这可以说是“差一点”，因为 $63^2=3969$。

尽管如此，$n=2$ 也就不会给出一个完全平方数。原则上，我们可以使用计算机以这种方式一直检查下去，直到比如说 $n=1000$。

如果你觉得一千个特例还不够，那一百万个呢？

甚至，比如说，一万亿亿个？

事实上，即使检验了这么多个特例，毕竟还是远不够好。

这个命题就是错误的，但让我们得知它是错误的最小 n 值是

$$n = 12\ 055\ 735\ 790\ 331\ 359\ 447\ 442\ 538\ 767$$

此时 $991n^2 + 1$ 是一个完全平方数。

这就是数学家需要证明的原因。

08
益智数学

这本书是用简单的素材来讲述数学的，而在我们继续深入下去之前，我想简要地探讨一下有时在完全没有任何素材的情况下能做些什么。

为此，这里给出 5 道来自益智书的题目，它们都包含了我所说的“数学思维”的那些要素（解答在第 189 页）。

关于一块巧克力的题目

图 29 中的这块巧克力被制成了连在一起的 $6 \times 4 = 24$ 个小正方块，我们希望将这块巧克力分成这 24 个正方块。

在任何中间阶段，我们都可以拿起一块，沿着其上起分割作用的横线或竖线将它掰断。

图 29　掰巧克力

这里的问题是：最少需要掰几次？

我还不想透露这道题的答案，但我还是想说一下，这道题很好地说明了数学的一个特定方面，即通过识别和排除无关的东西来触及某些问题的核心。

骰子的滚动

骰子沿着图 30 中的路径不打滑地滚动，在此过程中转过两个拐角。提醒大家一下，骰子相对两面上的点数加起来等于 7，问题是：

当骰子到达这条路径的尽头时，它顶上的那一面会显示哪个数？

我觉得，这道题为一种富有想象力的解答提供了想象空间。在这种解答中，我们始终只关注要起到作用的那一方面。

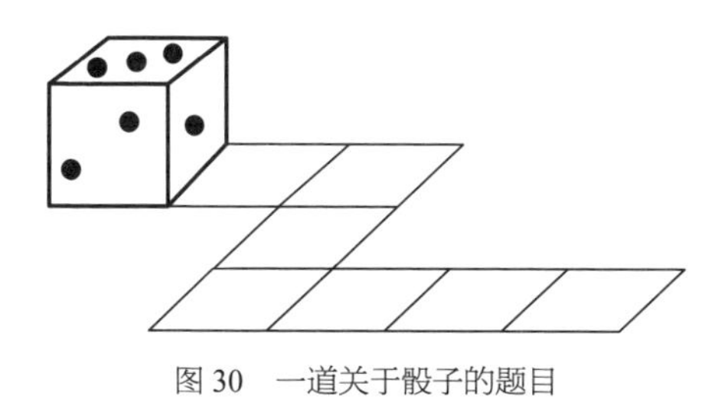

图 30　一道关于骰子的题目

C 又“胜出”了!

我的下一个例子是一道不太寻常的题目，其中的主角是 A、B 和 C。这道题出现在约翰 · 邦尼卡斯尔（John Bonnycastle）1806 年的《学者算术指南》（*Scholar's Guide to Arithmetic*）一书中：

> 有一个周长 73 英里[①]的岛屿，三名徒步旅行者一起出发，沿着同一条路环岛行进；A 每天走 5 英里，B 每天走 8 英里，C 每天走 10 英里，三人

① 1 英里≈ 1.6 千米。——编者注

什么时候会再次相遇?

不过，事实上，我最初是以一种完全不同的方式遇到这个问题的。

几年前，我买了一本1819年的手写算术练习本，它曾经属于一个叫威廉·博瑟姆（William Botham）的人（图31）。

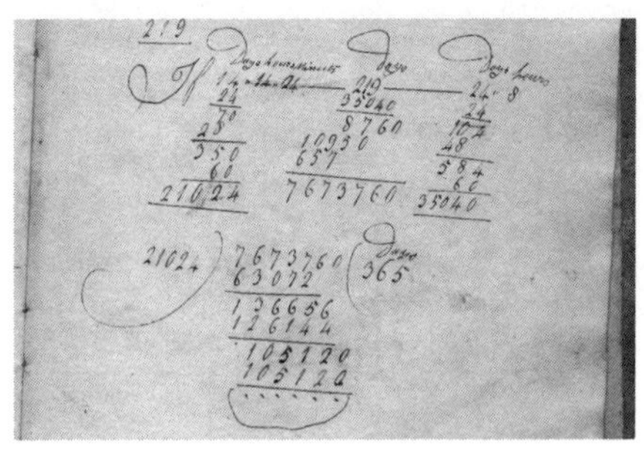

图31　摘自威廉·博瑟姆的练习本

遗憾的是，我无从知道他是谁，也无法知道他住在哪里。200 年后，这本练习本本身都已经相当支离破碎了。

不过，威廉·博瑟姆对解答这道关于 A、B 和 C 三人的不寻常的题目所做的尝试确实引起了我的注意。他得到了正确的答案，但是在此之前，他用了整整四页纸（如图 31 所示），其中充满着令人难以忍受的长除法。

那么，一旦你从 C 比 A 或 B 走得更快的震惊中恢复过来，你能比他做得更好一点吗？

残缺不全的国际象棋棋盘

我认为这道益智题是相当有名的，而它为“反证法”提供了一个很好的机会。

在图 32 显示的国际象棋棋盘中，移除了对角的两格，剩下 62 个方格，我们有 31 枚多米诺骨牌，每一枚多米诺骨牌可以覆盖两个相邻的方格。

然而，用这 31 枚多米诺骨牌是不可能覆盖剩下的 62 个方块的。

为什么？

图 32　残缺不全的国际象棋棋盘

四张卡片的益智题

在数学中，在任何层面上，区分一个命题

P 表明了 Q

和它的逆命题

Q 表明了 P

总是很重要的。逆命题和原命题一样，可能成立，也可能不成立。

例如，假设我们看到四张卡片（图 33），并被告知每张卡片的一面都有一个数，而没有数字的另一面要么是黑色的要么是白色的。

然后有人声称：

> 如果一张卡片的一面是黑色的，那么它的另一面就是一个偶数。

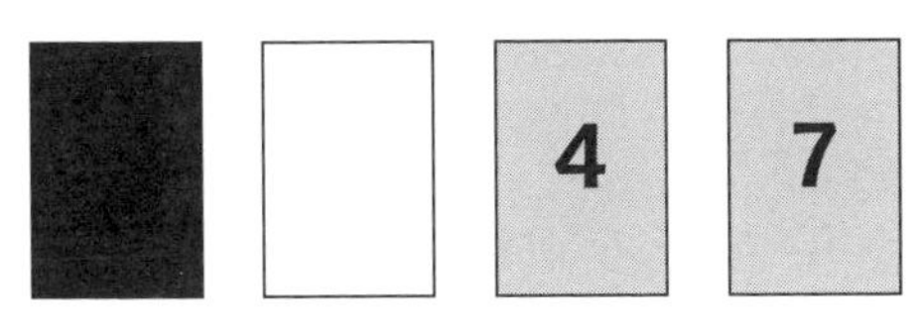

图 33　四张卡片的益智题

这里的问题是：我们需要翻转哪几张卡片来确定这个说法是真还是假？

事实上，在上面五道益智题中，最后一道是认知心理学家所熟知的一项著名测试。

很多人都答错了！

“非常吸引人”

灌满浴缸在数学中有着悠久的历史。

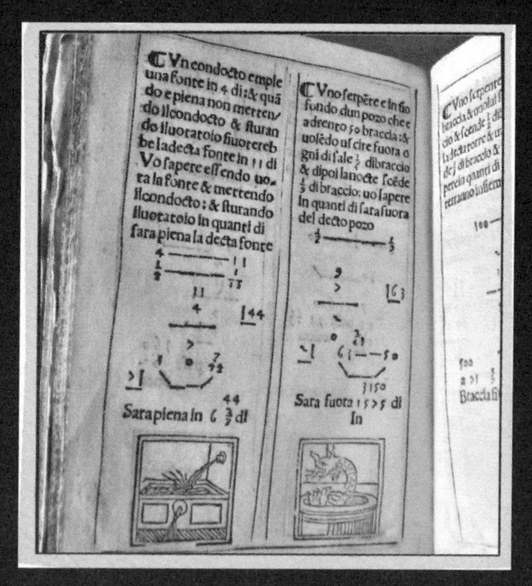
Vn condocto empie
una fonte in 4 di: & quã
do e piena non mettẽ
do il condocto & ſturan
do il uotatoio ſi uoterreb
be la decta fonte in 11 di
Vo ſapere eſſendo uo
ta la fonte & mettendo
il condocto: & ſturando
il uotatoio in quanti di
ſara piena la decta fonte

Sara piena in 6 $\frac{2}{7}$ di

Vno ſerpẽte e in ſo
fondo dun pozo che e
a drento 50 braccia: &
uolẽdo uſcire fuora o
gni di ſale $\frac{1}{2}$ di braccio
& dipoi la nocte ſcẽde
$\frac{1}{5}$ di braccio: uo ſapere
in quanti di ſara fuora
del decto pozo

Sara fuora 157 di

菲利波普·卡兰德里（Filippo Calandri）1518 年的算术书中有一个水箱，用管子灌水，4 天可以灌满，用排水口放水，11 天可以排空。

如果开着排水口灌水，需要多长时间把水箱灌满？

伟大的犯罪小说作家阿加莎·克里斯蒂（Agatha Christie）在她的自传中写道，她小时候学习算术，一直学到“水箱在这么多小时内灌满水的题目，我觉得这非常吸引人”。

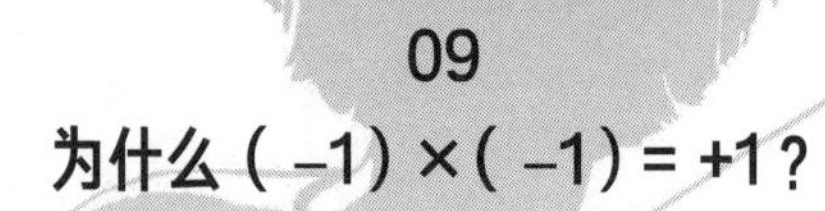

09
为什么 $(-1)\times(-1)=+1$？

我想，我们大多数人当第一次见到 $(-1)\times(-1)=+1$ 时，都会感到非常困惑。

例如，在丹尼尔·芬宁（Daniel Fenning）1750 年出版的《年轻代数学家指南》（*Young Algebraist's Companion*）一书中（图 34），学生问他的老师：

> 我对于负负应该得正……还没有完全信服，您除了只是这样告诉我，就没有其他方法来证明这一点吗？

为了找到答案，我们需要从更仔细地考虑代数本身的整个基础开始。代数基于下列五条关键法则。

THE

YOUNG ALGEBRAIST'S

COMPANION,

OR,

A NEW and EASY GUIDE to

ALGEBRA;

Introduced by the Doctrine of

VULGAR FRACTIONS:

Deſigned for ſuch

Who, by their own Application only, would become acquainted with the Rudiments of this noble Science, but have hitherto been prevented and diſcouraged, by Reaſon of the many Difficulties and Obſcurities attending moſt Authors upon the Subject.

Illuſtrated with

Variety of numerical and literal Examples, and attempted in natural and familiar Dialogues, in order to render the Work more eaſy and diverting to thoſe that are quite unacquainted with *Fractions* and the *Analytic* Art.

By DANIEL FENNING, *of the* ROYAL-EXCHANGE ASSURANCE.

LONDON:

Printed by T. PARKER, for the AUTHOR, and Sold by the Bookſellers in Town and Country. 1750.

图 34 《年轻代数学家指南》

加法

粗略地说，法则 1 和法则 2 说的是，我们以什么顺序将数字相加是无关紧要的（图 35）。

1. $a+b=b+a$
2. $a+(b+c)=(a+b)+c$

图 35　加法法则（1 为加法交换律，2 为加法结合律）

下面是这一概念发挥作用的一个例子：

证明 $2+2=4$

顺便说一句，这不是开玩笑，因为“4”这个数并不是由 $2+2$ 定义的，它是由 $3+1$ 定义的。

因此，这里是有一些事情需要证明的。一种谨慎的证明方式如下：

$2+2=2+(1+1)$　　（根据 2 的定义）

$=(2+1)+1$　　（根据法则 2）

$=3+1$　　（根据 3 的定义）

$=4$　　（根据 4 的定义）

乘法

这里同样有两条关键法则（图 36）。而且，粗略地说，它们说的是，我们以什么顺序将数字相乘也是无关紧要的。

3. $ab = ba$

4. $a(bc) = (ab)c$

图 36　乘法法则（3 为乘法交换律，4 为乘法结合律）

（这里像在代数中通常所做的那样，省略了数之间的乘号，因此 ab 就是乘积 $a \times b$ 的简写。）

面积

这肯定是乘法运算中最古老的例子之一了。

我们从一个边长为 1 个单位的正方形开始，很快就会弄清楚如何计算边长为正整数的矩形的面积 A（图 37）。

我们是将图 37（b）中的面积看成 3 块、每块 4 个单元，还是看成 4 块、每块 3 个单元，显而易见，这并不重要。

概括来说，事实上，这使我们把任何矩形的面积定义为 $A = ab$［图 37（c）］，其中的边长 a 和 b 现在可以是任何数，而不一定是正整数，甚至也不一定是正整数之比。

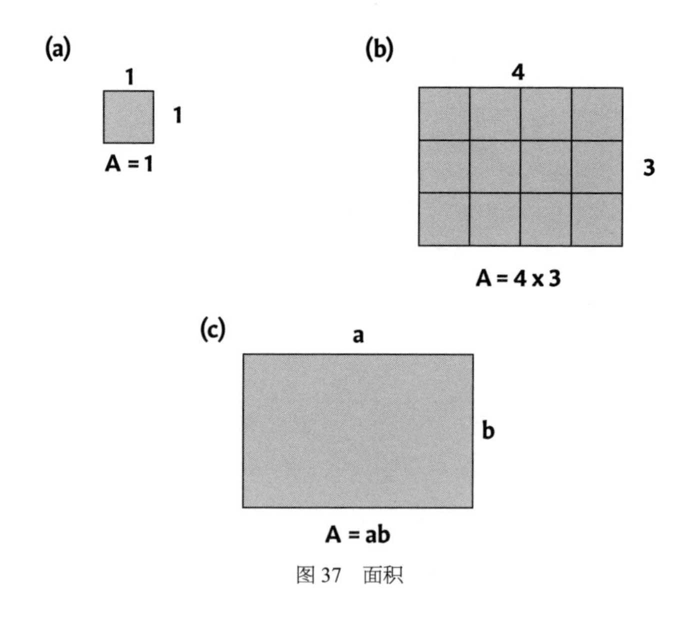

图 37　面积

分配律

这条法则略有不同，因为它同时涉及加法和乘法这两个概念（图 38）。

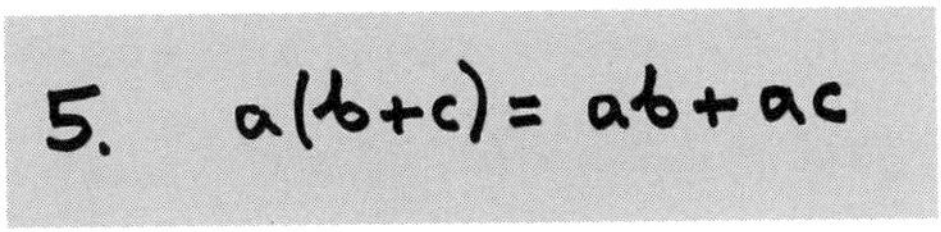

5. $a(b+c)=ab+ac$

图 38　分配律

应用法则 3（三次！）会得出以下法则 5 的另一种形式：

$$(b+c)a=ba+ca$$

这在实践中同样有用。

同样，因为图 39 中大矩形的面积 $a(b+c)$ 显然等于两个较小矩形的面积之和 $ab+ac$，所以从面积方面来看，法则 5 就成立了。

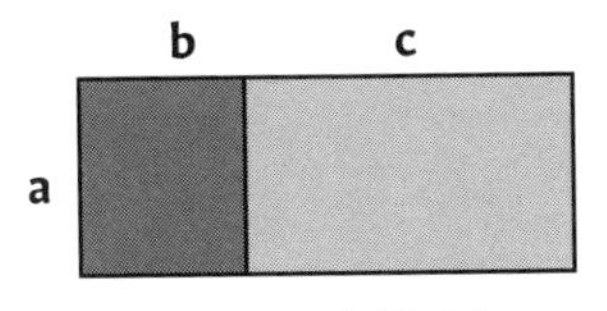

图 39　分配律的图示

负数

目前所举的这些例子中，所有的数都是正数。

然而，这五条法则都明确适用于所有的数 a、b、c，无论是正数还是负数。

例如，如果我走进一家商店，想以每双 99 便士的价格买 7 双袜子（这件事确实发生过），并付了 7 英镑（1 英镑 = 100 便士），那么我非常清楚地知道会有 7 便士的找零。

这是因为我花了

$$7 \times (100 - 1) = 7 \times 100 + 7 \times (-1)$$

这只是再次使用了法则 5，但 c 是负的。

所以为什么（−1）×（−1）= +1？

对此，虽然我听到过各种奇怪的“解释”，但简洁的解答是：它是直接由这些法则得出的（图 40）。

$$(-1) \times (-1) = +1$$

图 40　数学上的一个“奇迹”？

请注意，首先，任何数乘以零都等于零。

那么，特别地就有：

$$-1 \times 0 = 0$$

因此

$$-1 \times [1 + (-1)] = 0$$

根据分配律，即法则 5，我们得出：

$$-1 \times 1 + (-1) \times (-1) = 0$$

因此

$$-1 + (-1) \times (-1) = 0$$

将此等式的两边都加上 1，我们就最终得到了一直在寻找的结果。

其影响确实是巨大的。

10 这是一个平方的世界

当我们将任何数 x 乘以它本身时，我们将其结果写成 x^2，并称之为"x 的平方"。

我们的物理世界中充满了这样的数。例如，当气流经过机翼时，机翼受到的升力与气流的速率 U 的平方成正比（图 41）。因此，如果一架飞机的飞行速率是原来的 2 倍，那么，在其他条件相同的情况下，升力不是增大为原来的 2 倍，而是增大为原来的 4 倍。

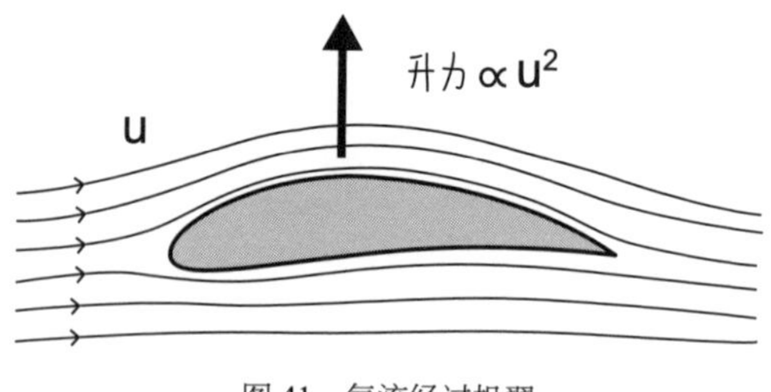

图 41　气流经过机翼

伽利略的著名实验提供了一个更经典的例子：一个沿着斜面滚下来的球（图 42）。因为，正如他所发现的，这种情况下球滚动的距离与它花费时间 t 的平方成正比。

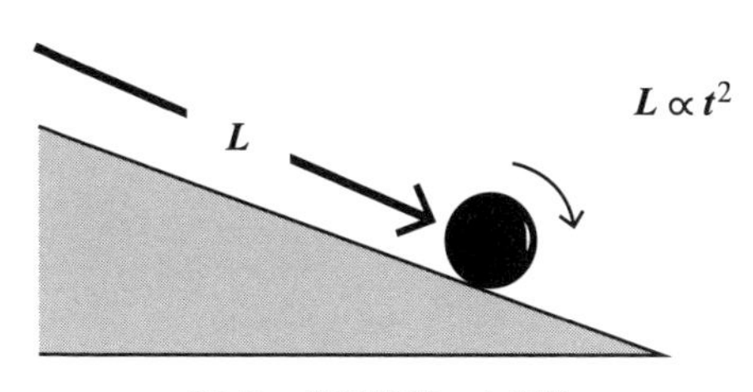

图 42　伽利略的一个实验

然而，x^2 的完整概念可以追溯到更久远的过去——纯几何的起源。因为如果 x 是一个正数，那么 x^2 实际上就是一个边长为 x 的正方形的面积（图 43）。

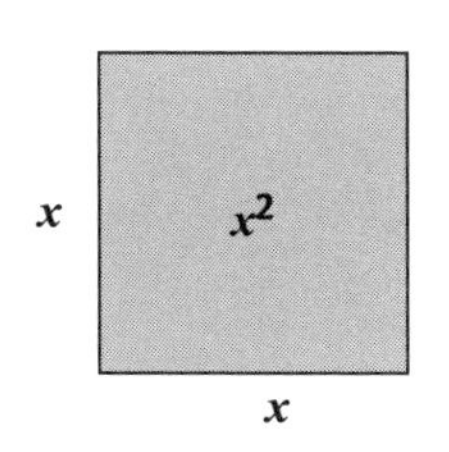

图 43　正方形的面积

平方的重要性

我们在第 09 篇中已经证明了（-1）×（-1）$=+1$，同理，当任何负数与它自身相乘时，都会得到一个正数。

因此，无论 x 是正数还是负数，都有：

$$x^2 \geqslant 0$$

或者我们可以用更几何的方式来表述，如果我们在平面坐标中画出 $f(x)=x^2$ 的图像，那么这条曲线永远不会下降到 x 轴以下（图 44）。

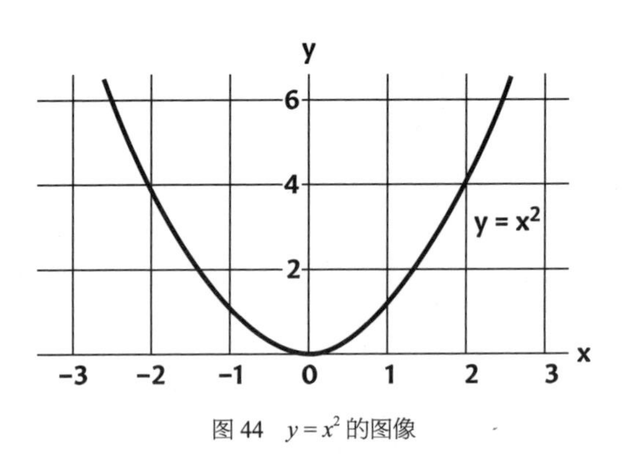

图 44　$y=x^2$ 的图像

所以，无论何时只要有一个量 x^2，我们立即就能知道它的符号，无论 x 本身是正数还是负数。

而且，尽管看起来很奇怪，但这一特定结果的重要性怎么高估也不为过。在某种程度上依赖于这一思想的数学证明的数量如此之多，着实让我感到惊奇。

50 多年前，它甚至在我的第一个令人兴奋的数学研究发现中发挥了关键作用。

平方根

一个正数 x 的平方根本质上是与平方相反的概念：如果一个数自乘得出 x，那么这个数就是 x 的平方根。

7777
√60481729
S.harris
"一个奇妙的平方根. 我们希望它能为人类造福."
© Sidney Harris

图 45　一个奇妙的平方根?

根据我们刚刚看到的，每个正数都有两个平方根：一个正的，一个负的。例如，9 的平方根是 3 和 –3。

符号$\sqrt{x}$表示正数 x 的正平方根。因此是 $\sqrt{9}=3$。

平方根也出现在物理学的各个领域中，其中最著名的例子之一是单摆（图 46），它也与伽利略联系在一起。

越长的摆来回振荡得越慢，一次完整振荡的时间 T 与摆长 l 的平方根成正比。

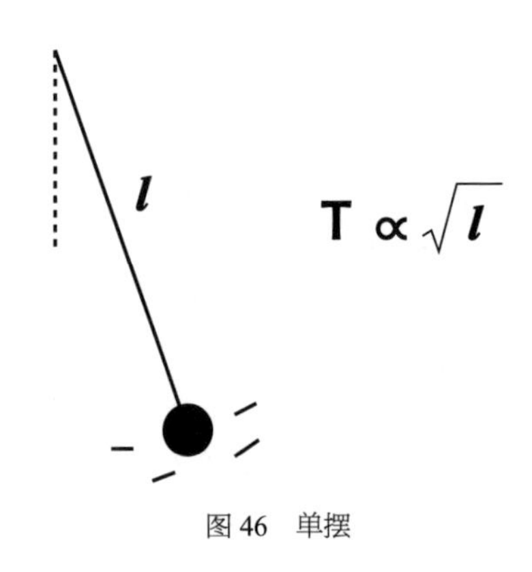

图 46　单摆

我们只要愿意，就可以很容易地通过实验来证实这一点。

只需取一段细绳，在其一端系一个小球，让它摆动起来，每次当它从一头摆动到另一头时，就可以记下它完成半次完整摆动的时间。

记住上述时间，然后将细绳缩短为原来的 1/4。

当你让这个摆再次摆动起来时，它应该会在你记下的时间里完整地来回摆动一次，这是相当有说服力的。

11
代数在发挥作用

整个代数中最重要的结果之一如图 47 所示。

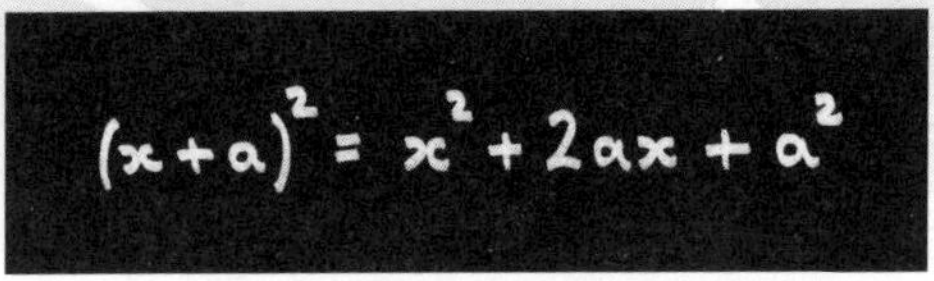

$$(x+a)^2 = x^2 + 2ax + a^2$$

图 47　代数的最佳表现

这个公式对 x 和 a 的任何值都成立，但我想首先为 x 和 a 都为正数的情况提供一个“图形证明”。

一个“图形证明”

在图 48 中，我们有一个边长为 $x + a$ 的正方形，因此它的面积为 $(x + a)^2$。而它是由两个面积分别

为 x^2 和 a^2 的较小正方形和两个面积均为 ax 的矩形组成的。

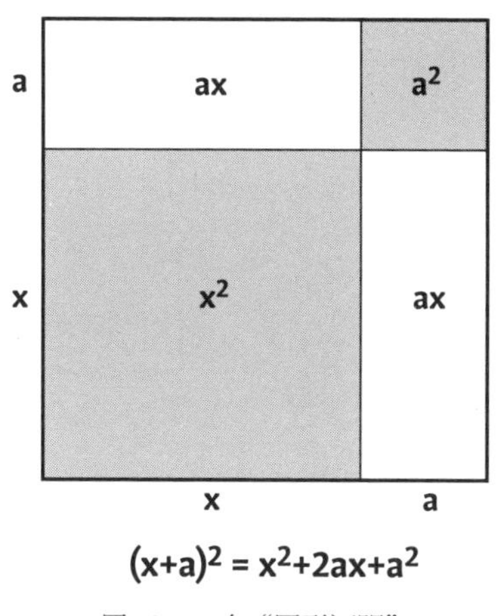

图 48　一个“图形证明”

因此，这就直接给出了我们所要的结果，至少对于 x 和 a 为正值的情况是这样。

一个代数证明

这一证明确定了对于所有的 x 和 a，无论其正负，图 47 中的结果都是成立的。这一证明开始如下，根据第 61 页的法则 5，可得到：

$$(x+a)^2=(x+a)(x+a)$$
$$=(x+a)x+(x+a)a$$

应用法则 5 的另一种形式（两次），我们就可以将上式右边改写为：

$$x^2+ax+xa+a^2$$

又由于 $xa=ax$，就有了最终的结果：

$$(x+a)^2=x^2+2ax+a^2$$

现在我不想再多费口舌，就用这个结果来证明整个数学中最著名的那条定理。

毕达哥拉斯定理[①]

我想，众所周知，如果一个直角三角形的两条短边的长度分别为 3 和 4，那么它的最长边（即斜边）的长度为 5（图 49）。

这是毕达哥拉斯定理的一个例子，而这条定理本身要更具一般性：它为任何直角三角形的三条边 a、b、c

① 毕达哥拉斯定理（Pythagorean theorem），即我们所说的勾股定理。在西方，相传由古希腊的毕达哥拉斯首先证明；而在中国，相传于商代就由商高发现。——译者注

提供了一种出乎意料的简单关系（图 50）。

为了证明这条定理，我们只需要图 51，我们在边长为 $a+b$ 的正方形中放置了四个完全一样的小三角形，于是中间就留出了一个边长为 c 的正方形。

假设塔 AB 的高度为 30 英尺，从塔的底部到我所在处的距离 BC 为 40 英尺，这两个数的平方分别为 900 和 1600，相加之和为 2500。对这个和求平方根得到 50，这就是对角线或梯子（即 AC 边）的长度。

图 49　毕达哥拉斯定理的 3-4-5 特例，出自约翰·巴宾顿（John Babington）的《几何论》（*Treatise of Geometrie*，1635）

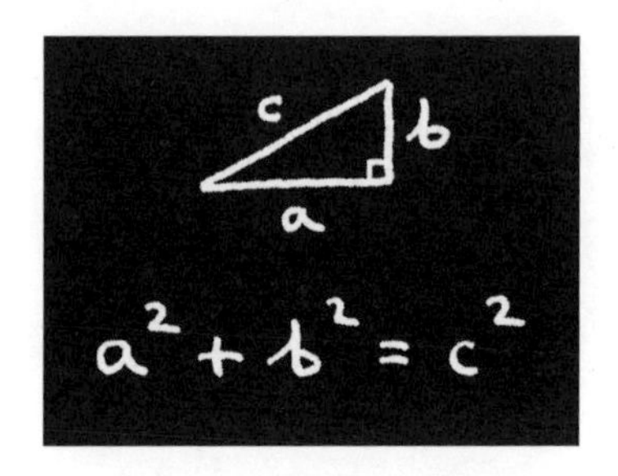

图 50　毕达哥拉斯定理

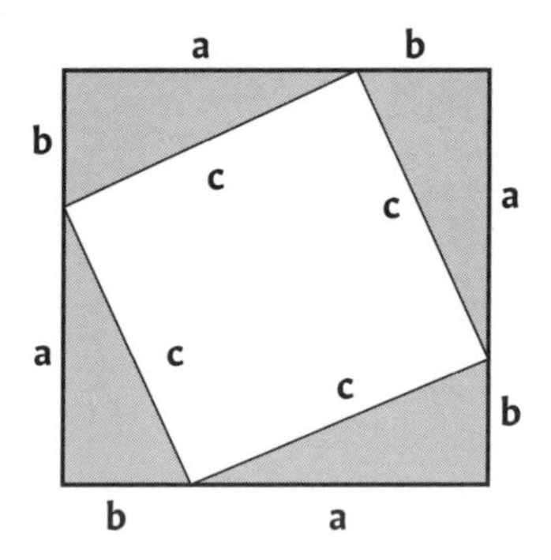

图 51　毕达哥拉斯定理的证明

现在，大正方形的面积是：

$$(a+b)^2=a^2+2ab+b^2$$

但它也等于 c^2 加上四个小三角形的面积之和。其中每个小三角形的面积都是 $\frac{1}{2}ab$（等于长和宽为 a 和 b 的矩形面积的一半）。

因此，大正方形的面积也等于：

$$c^2 + 2ab$$

由此可得：

$$a^2 + b^2 = c^2$$

12
“配成平方”

数学中最古老的题目之一出现在一块巴比伦泥板上，可以追溯到公元前 1800 年左右。

其主要内容是说，一个正方形在两个方向上各延伸了 1 个单位（图 52）后形成的图形总面积为 120 平方单位。问题是：这个正方形原来的边长是多少？

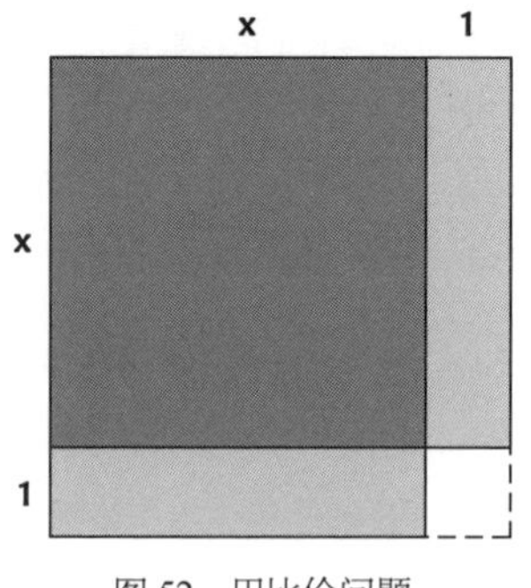

图 52　巴比伦问题

巴比伦人的解答是，再加上一个单位正方形，这样就“凑成”了一个面积为121的新正方形。因此，它的边长必定是$\sqrt{121}$，也就是11。所以原正方形的边长必定是10。

另一种观点

今天，我们通常对“凑成一个正方形”的整个概念采取一种更加代数的方法——配方法。

如果我们设x表示图52中的原正方形的边长，那么它的面积就会是x^2，扩展的两部分面积各为x，于是这个巴比伦问题就等同于求解二次方程：

$$x^2+2x=120$$

我们可以在方程两边都加上1，于是上面的方程就转化为：

$$(x+1)^2=121$$

其中用到的不是某种几何学知识，而是因为对于一切x，都有：

$$x^2+2x+1=(x+1)^2$$

这是第11篇图47的一个特例（$a=1$的情况）。

于是就有$x+1=\pm 11$。不过，由于原来的问题需要一个正数解，因此 x 必定是 10，我们得出了与之前一样的答案。

配成平方

概括来说，每当我们有 x^2 加上 x 的某个“已知”倍数：

$$x^2 + kx$$

很有效的做法是取 x 系数的一半，将它平方，再把它加上去：

$$x^2 + kx + \left(\frac{k}{2}\right)^2$$

因为这会得出：

$$\left(x + \frac{k}{2}\right)^2$$

这同样是根据 11 篇中的图 47 得到的（$a = \frac{k}{2}$ 的情况）。

以这种方式“配成平方”可能是一个相当巧妙的技巧，在丹尼尔 · 芬宁的《年轻代数学家指南》（第二版）中，学生（诺维提乌斯）一开始就对整个想法相当满意（图 53）。

> 将 $xx + 14x$ 配成平方。
>
> 这里 14 的一半是 7，7 的平方是 49，因此将 $xx + 14x$ 配成平方应该是 $xx + 14x + 49$。
>
> 诺维提乌斯：确实非常容易，而且非常漂亮。

图 53　摘自《年轻代数学家指南》（第二版）

然而，遗憾的是，下一个例子：

将 $xx + 5x$ 配成平方

会造成更大的困难，因为诺维提乌斯陷入了喃喃自语：

我现在真的不知所措了！

事实上，在这一刻，老师多少有点不愿意再讲下去了，只是提醒诺维提乌斯 5 的一半是$\frac{5}{2}$。

但这一切都是为了什么？

公平地说，无论什么人，要掌握任何强大的数学新技术都需要时间。至少，对这项新技术的用途有所了解也是有益处的。

首先，“配成平方”可以用来求解任何二次方程，就像我们刚才求解 $x^2 + 2x = 120$ 那样。

而且在最大化问题中，它也有很大的价值。在这些问题中，我们试图使某样东西尽可能大。

再者，正如我们将在第 17 篇中看到的，它甚至可以帮助我们打斯诺克[①]！

---

① 斯诺克（Snooker）是台球比赛的一种，又称障碍台球，击球顺序为红球与彩球分别交替落袋，直至所有红色球全部离台，然后彩球按分值由低至高的顺序也至全部离台为止。——译者注

在 x 出现之后

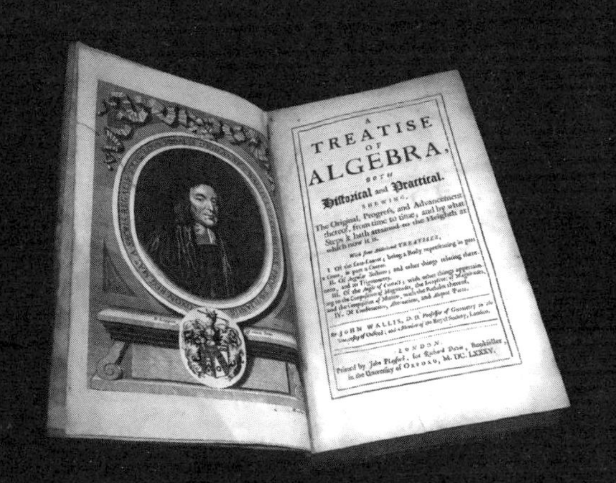

1685 年

约翰·沃利斯（John Wallis）的《代数》（*A Treatise of Algebra*）是对代数的重要阐释。

但是，从整体上看，人们仍然对这门学科持极大的怀疑态度。哲学家托马斯·霍布斯（Thomas Hobbes，1588—1679）将沃利斯早期关于代数的著作描述为“一堆乱糟糟的符号”。

1775 年

到了托马斯·辛普森（Thomas Simpson）的《代数论》（*Treatise of Algebra*）（第四版），即使我们仍然觉得其中所用的语言还不是现今的英语，但里面的内容看起来已经比较“熟悉”了……

设$\begin{cases} x+y=13 \\ x+z=14 \\ y+z=15 \end{cases}$，求 x、y 和 z。

用第二个方程减去第一个方程（为了消去 x），我们就得到 $z-y=1$；加上第三个方程，y 也同样被消去，就得到 $2z=16$，即 $z=8$，于是 y（$=z-1$）$=7$，而 x（$=13-y$）$=6$。

消去！

13
用切馅饼来求圆周率

没有什么比无限更能让数学焕发生机了。

信不信由你，我们只要开始认真思考关于圆的几何学，就会发生这种情况。

我想，我们大多数人一开始都认为（作为直觉上的“显而易见”），一个圆的周长与它的直径成正比。这使我们可以定义下面这个特殊的数：

$$\pi = \frac{\text{周长}}{\text{直径}}$$

这个值对所有圆来说都是一样的，无论它们的大小如何。

由于直径是半径 r 的两倍，因此图 54 中的这个著名的公式立即就出现了，它或多或少只是对我们所说的 π 这个数的实际含义的一个重新表述。

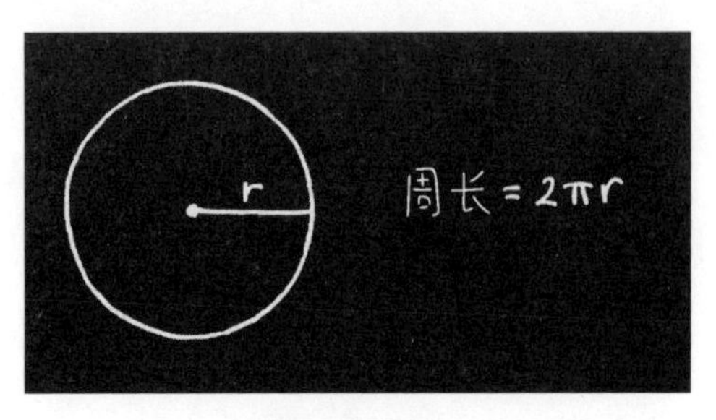

图 54　圆和 π

但是 π 的值是多少呢？我们该如何确定这个值？

测量 π

我认为，最明显的方法是直接的物理测量，我最近在自己家的厨房里试着做了一次。

至于圆形物体，我选择了一张法国手风琴音乐的留声机唱片。我用胶带把一根指针粘在上面，然后小心地让它沿着厨房地板滚动了一整圈（图 55）。

就这样，再用钢尺测出这张唱片的周长：94.6 厘米。

然后我用这个值除以唱片的直径（30.1 厘米），最终得到：

$$\pi \approx 3.143$$

图 55　测量 π

虽然我对此感到很满意，但阿基米德早在 2000 多年前就已经做得更好了。他严格地证明了

$$3\frac{10}{71} < \pi < 3\frac{1}{7}$$

这对应于

$$3.1408\cdots < \pi < 3.1428\cdots$$

事实上，在 20 世纪 50 年代，即我的求学时代早期，阿基米德的上限$\frac{22}{7}$仍然被用作 π 的“实用”近似值。

圆的面积

图 56 显示了另一个包含 π 的著名公式，但事实证明这是一个相当微妙的问题。

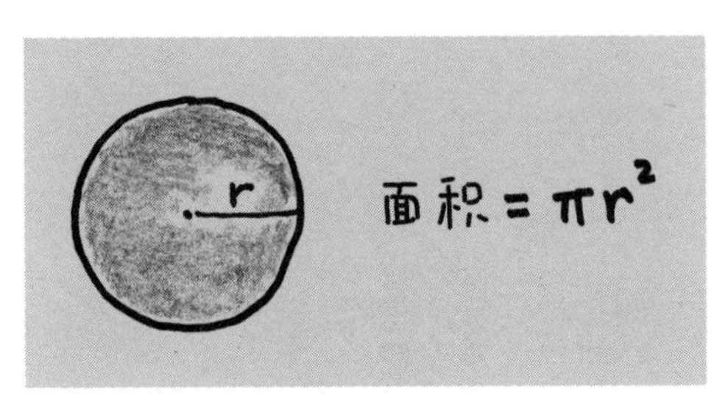

图 56　圆的面积

毕竟，只要愿意，我们就可以使用周长 = $2\pi r$ 这个公式将 π 从圆的面积公式中完全消除掉，把这个新命题改写为：

$$圆的面积 = r \times \frac{1}{2}周长$$

这究竟为什么会成立呢？

无限进入场景之中

为了理解其中的原因，想象一下先将圆像切蛋糕那样切成 8 片，然后重新组合［图 57（a）］。

结果得到了一个近似于矩形的形状。该形状顶部和底部的曲线长度正好等于周长的一半，但不太直，而左端和右端的长度正好为 r，但不完全竖直。

不过，假设我们现在切片的数量是原来的两倍，每片的宽度是原来的一半［图 57（b）］。这样得出的形状显然更接近一个矩形。

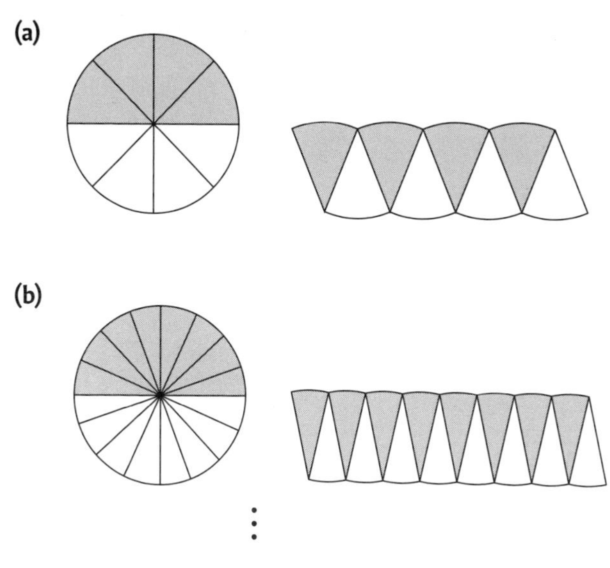

图 57　越来越接近……

不仅如此，如果不断地这样进行下去，我们可以使重新组合起来的图形越来越接近一个长为$\frac{1}{2}\times$周长、高为 r 的矩形，我希望你会认同这一点。由于周长是 $2\pi r$，因此这就是圆本身的面积必定是 πr^2 的原因。

*　　　*　　　*

以这样的方式建立一个数学概念，可以说是通过无限多步逐渐逼近它，这是更高一级数学的一个主要特征。

但是，如果我们试图绕过这整个过程，就直接声称我们会得到一个由无限多、无限窄的切片组成的精确矩形，那我们就太掉以轻心了。

因为，正如我们将在第 27 篇中所看到的，数学中的无限确实需要非常小心地处理。

然而，与此同时，让我们继续大胆一点。

14
黄金比例

黄金比例

$$\frac{1+\sqrt{5}}{2}=1.618\cdots$$

是数学中一个特殊的数，它出现在各种不太可能出现的地方。

但我认为，许多人第一次见到它是通过著名的斐波那契数列（Fibonacci sequence）

1，1，2，3，5，8，13，21，34，…

其中每一项（在第二项之后）是前两项之和。

这首先出现在斐波那契1202年的《计算之书》（*Liber Abaci*）中的一个相当可疑的兔子繁殖模型中（图58）。

该数列的一个主要特征是，随着数列继续下去，相邻两项之比越来越接近黄金比例（图 59）。

图 58　斐波那契和兔子

1/1	1.000
2/1	2.000
3/2	1.500
5/3	1.667
8/5	1.600
13/8	1.625
21/13	1.615
34/21	1.619
55/34	1.617

图 59　越来越接近

于是，从这个意义上说，“无限再度大显身手”，因为相邻两项之比永远不会精确等于黄金比例。随着数列继续延续下去，这个比例只是越来越接近黄金比例。

二次方程

如果我们认可，随着数列继续写下去，相邻两项之比确实接近一个特定的数 x，那我们就很容易理解为什么 x 必定就是这个黄金比例。

因为在这种情况下，对于相邻的三项，随着数列延续，它们的比例将越来越接近 $1 : x : x^2$，然而斐波那契数列的定义是每一项（在第二项之后）为前两项之和。

因此，如果这个特殊的数 x 确实存在，那么它就必须满足二次方程

$$x^2 = x + 1$$

为了解这个方程，我们只需要把它改写为

$$x^2 - x = 1$$

然后按照第 12 篇的方式，两边都加上 $\left(-\frac{1}{2}\right)^2=\frac{1}{4}$，将它“配成平方”。

这会得出：

$$\left(x-\frac{1}{2}\right)^2=\frac{5}{4}$$

因此$x-\frac{1}{2}$必定为 $\pm\frac{\sqrt{5}}{2}$。但只有其中一个解会使 x 为正值，于是有：

$$x=\frac{1+\sqrt{5}}{2}$$

而这确实就是黄金比例。

15
用巧克力来证明

无限进入数学的最重要的方式之一是通过整个无穷级数（infinite series）这一概念，例如：

$$\frac{1}{4}+\frac{1}{16}+\frac{1}{64}+\cdots=\frac{1}{3}$$

正如这些点“…”所表明的，左边的级数会永远持续下去，其中每一项都是前一项的$\frac{1}{4}$。

然而，它们的“和”却是有限的，等于$\frac{1}{3}$，我现在想用一种稍微不那么传统的方式来证明这一点——用巧克力来证明。

你如果愿意，可以想象你是一位店主，正在以图 60 中的“特别优惠”方式出售巧克力。

现在，每一包巧克力都包含 1 块巧克力和 1 张优惠券。拥有 4 张优惠券的顾客可以免费换取 1 包巧克力。

图 60 特别优惠

证明的关键在于解答以下问题：

一张优惠券兑换多少块巧克力？

寻找一个无穷级数

4 张优惠券能换 1 包巧克力，因此 1 张优惠券在某种意义上兑换$\frac{1}{4}$包巧克力。

因此，1 张优惠券兑换

$$\frac{1}{4}(\text{巧克力}+\text{优惠券})$$

这里的“巧克力”只是我对一包巧克力中所含的巧克力的简写。

那么，括号中的优惠券本身兑换$\frac{1}{4}$包巧克力，因此1 张优惠券也可以说兑换：

$$\frac{1}{4}[\text{巧克力}+\frac{1}{4}(\text{巧克力}+\text{优惠券})]$$

我们如果永远这样继续下去，就会发现 1 张优惠券兑换

$$\left(\frac{1}{4}+\frac{1}{16}+\frac{1}{64}+\cdots\right)\text{块巧克力}$$

为了证明我们的结果，我们只需要证明 1 张优惠券也相当于$\frac{1}{3}$块巧克力。

寻找 $\frac{1}{3}$

换句话说，我们需要证明 3 张优惠券相当于 1 块巧克力。

要做到这一点，想象我已经存了 3 张优惠券，然后来到你的商店，说：

> “早上好。我想买一包巧克力。我打算立即在你的店里吃掉其中那块巧克力，吃完后再付钱给你。”

你立即想到的无疑是“又一个疯狂的数学家!”，但是，出于慷慨，你还是给了我一包巧克力。

我打开包装，吃掉巧克力。

接下来，我取出里面的那张优惠券，并将它加到我已有的 3 张优惠券中，这样我现在就有了 4 张优惠券（图 61）！

图 61　用巧克力证明

然后我把这些优惠券交给你，说：“这是 4 张优惠券。我要换一包巧克力！”

在这一刻，你会说：“你记性不好，对吧？我刚给了你一包巧克力！”

我有点尴尬地回答说：“当然是这样。我真是太傻了。所以你不欠我什么，我也不欠你什么。我们的交易已经完成。非常感谢。早上好。”

所以，我来的时候带着 3 张优惠券，没有巧克力，离开的时候没有优惠券，吃掉了 1 块巧克力。因此，1 张优惠券相当于$\frac{1}{3}$块巧克力，因此

$$\frac{1}{4}+\frac{1}{16}+\frac{1}{64}+\cdots=\frac{1}{3}$$

* * *

无论我们如何看待这样一个不同寻常的证明，其结果本身就包含了一个非常重要的思想：无限多个正数有可能会有一个有限的和。

玩玩无限

含有最多$\sqrt{2}$的公式是由弗朗索瓦·韦达（Francois Viète）得出的以下公式：

$$\frac{2}{\pi}=\frac{\sqrt{2}}{2}\times\frac{\sqrt{2+\sqrt{2}}}{2}\times\frac{\sqrt{2+\sqrt{2+\sqrt{2}}}}{2}\times\cdots$$

在计算器中输入 1

执行以下操作：

加上 1

取平方根

循环执行以上操作

$\sqrt{1+\sqrt{1+\sqrt{1+\cdots}}}$ = 黄金比例

但这是**为什么**呢？（答案见第 192 页）

16
困惑的农夫

数学中一些最吸引人的问题来自试图使某物尽可能大（或尽可能小）。

我认为，从最简单的例子开始讨论是很明智的，尽管这个例子几乎和“02”篇的给浴缸灌水一样有点异想天开。

所以，如果可以，想象你是一个农夫，你有 4 千米长的围栏，你想围起一块具有最大面积的矩形田地。

那么你应该怎么做呢？

如果我们设两边的长度为 x，那么另两边的长度就是 $2-x$（图 62），因此面积就会是：

$$A = 2x - x^2$$

如何使 A 取到最大值，现在还不能一目了然。举例来说，如果增大 x，我们就可以增大等式右边的第一项，但与此同时这也会使第二项增大，而这一项是负的。

图 62　困惑的农夫

不过，假设我们将面积 A 改写为：

$$A = -(x^2 - 2x)$$

如果我们现在讨论括号中的那个表达式，并按照第 78 页的方式“配成平方”，我们就得到：

$$x^2 - 2x + 1 = (x - 1)^2$$

这使我们能将 A 改写为以下形式：

$$A = 1 - (x - 1)^2$$

由于 $(x - 1)^2 \geqslant x$，因此由上式立即得出，A 永远不可能超过 1，并且只有当 $x = 1$ 时才达到最大值，此时 $2 - x$ 也是 1，因此这块田地是一个正方形。

虽然这个结果本身可能并不特别令人惊讶，但整个问题确实很好地说明了“配成平方”如何有助于解出数学中的优化问题。

它也为一件更为突出的事情铺平了道路。

一个充满想象力的解答

假设现在情况略有不同，农夫可以利用一堵笔直的石墙，这样他就只需要在三边围上围栏（图 63）。

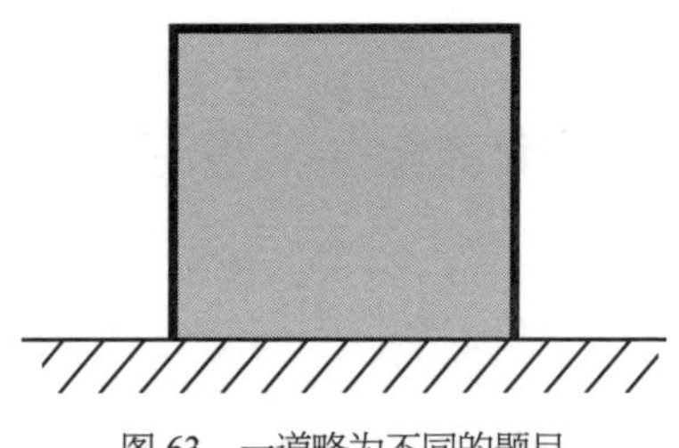

图 63　一道略为不同的题目

现在我们当然可以完全采用上面的方法来处理这个新问题（第 192 页），但还有另一种巧妙的方法。

你如果愿意，可以这样想象一下：当农夫在墙的一侧尝试着不同比例的矩形时，墙的另一侧有另一位农夫，他模仿着我们这位农夫的一举一动，做着完全相同的事情（图 64）。

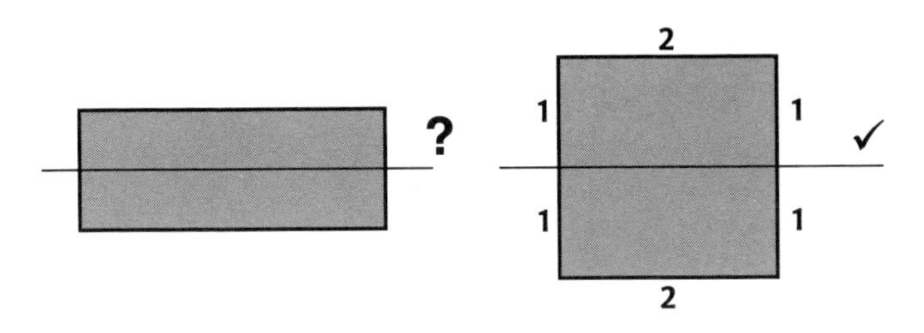

图 64　一个充满想象力的解答

现在，无论他们是否意识到了，他们作为一对，都在试图使一个矩形的面积达到最大，而这个矩形是由一个给定长度（即原来长度的 2 倍）的围栏完全包围着的。

正如我们前面刚刚做过的那样，使这个矩形成为一个正方形才能实现面积的最大化。因此，在有墙的情况下，2 ∶ 1 的长宽比会产生最大的面积。

无论第一个农夫看来多么不合情理，但第二个农夫完全是虚构出来的，至少在我看来是这样。后者纯粹是为了帮助解题而想象出来的。

17
数学与斯诺克

我曾经在谢菲尔德（Sheffield）的克鲁斯堡剧院（Crucible Theatre）当着座无虚席的观众打斯诺克。

好吧，那不是世锦赛，也不是在一张全尺寸的台球桌上打的（图 65）。

图 65　2015 年 2 月在克鲁斯堡剧院布置舞台。照片右边是《数学灵感》的导演罗布 · 伊斯特韦（Rob Eastaway）

这实际上是一档名为《数学灵感》(*Maths Inspiration*)的青少年节目的一部分，我当时在设法展示如何用“配成平方”来解释为什么有一些击球会比另一些击球更难。

假设我们运气好，母球、红球和球袋完全在一条直线上(图 66)。

那么一个自然的问题是：红球处于哪个位置时，对应的击球最难？

换句话说，给定一颗台球的距离 D 和半径 r，当图 66 中的 x 值为多少时，会最大程度地放大球杆的任何微小初始误差？

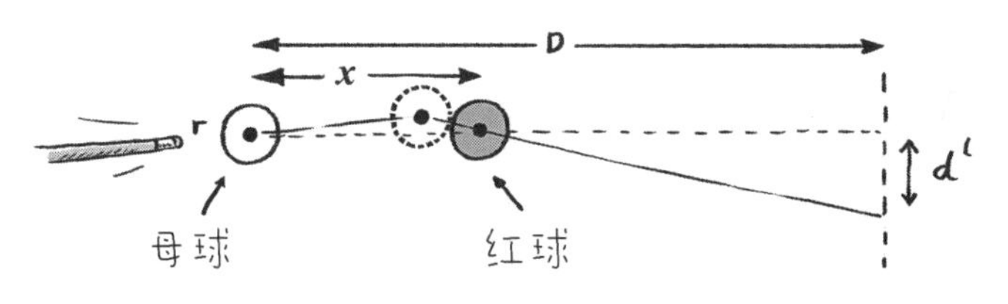

图 66　数学与斯诺克

首先，假设如果红球不在那里，那么母球就会偏离球袋中心一个很小的距离 d。

然后，通过一点点几何计算就会知道，红球的球心

将偏离球袋的中心一个很小的距离 d' ，其中

$$\frac{d'}{d}=\frac{(D-x)(x-2r)}{2Dr}$$

（见注释，第 193 页）。

因此，这是对初始误差的一个“放大因子”，它是由于红球的存在而引起的。

现在，D 和 r 都是给定的常数，所以当把这两个括号乘出来时，我们就得到了 x 的一个二次表达式。而这意味着我们又可以使用那个“配成平方”的技巧，就像第 16 篇的那个农夫问题一样。

虽然这里的代数计算有点棘手（第 195 页），但还是能求得以下结果，当

$$x=\frac{1}{2}D+r$$

时，放大因子$\frac{d'}{d}$ 最大。

在实际情况中，r 通常远小于$\frac{1}{2}D$，所以最困难的击球（每个有经验的球员都知道）是当红球离母球的距离刚刚超过母球到球袋距离的一半时。

此外，如果我们计算出在最坏的情况下，这一放大因子本身，就会发现它是

$$\frac{d'}{d} \approx \frac{D}{8r}$$

在全尺寸的斯诺克台球桌上进行全长对角线击球，这一结果约为 10，这就解释了为什么即使对顶级职业选手来说，这一特定的击球也很棘手。

18
一位邪恶的老师

几年前，我遇到过一位深受爱戴的小学老师，她偶尔会用以下方式“折磨”她的小学生。

她在引入了平方数的概念后告诉大家，如果你取比如说 $4 \times 4 = 16$，然后将 4“两边”的两个整数相乘，你会得到 $3 \times 5 = 15$，这样就少了 1。

然后她会给出一到两个其他的例子，比如图 67 中的这个例子。

最后，她会让学生们寻找一个例子，其中第二个乘积比第一个乘积多 1 而不是少 1，谁能先找到这样的例子，就能得到一块巧克力。

这将导致学生们进行大量的（越来越疯狂）的乘法练习，主要是因为第二个乘积永远不会比第一个乘积多 1，它总是少 1。

图 67　一个数学挑战

原因是，对于任何正整数 x，都有

$$(x-1)(x+1)=x^2-1$$

而这只是一种更普遍情况的一个特例。

另一个普遍结果

图 68 中的结果适用于任何数 x 和 y，无论它们是正数还是负数。

$$x^2-y^2=(x-y)(x+y)$$

图 68　代数的最佳表现的另一个例子

要证明这个结果，我们只需要再次应用第 09 篇的那些法则：

$$
\begin{aligned}
(x-y)(x+y) &= (x-y)x+(x-y)y \\
&= x^2-yx+xy-y^2 \\
&= x^2-y^2
\end{aligned}
$$

至少根据我的经验，这个结果的威力比图 47 中的那个结果要弱得多，但它也有属于自己的时刻。

其中之一出现在 1885 年 5 月 20 日刘易斯 · 卡罗尔（图 69）写的一封奇怪的信中。

图 69　刘易斯 · 卡罗尔（自画像）

他的这封信是写给一个正在学习代数的小男孩的，

其中提出了以下问题：

如果 x 和 y 都等于 1，那么 $2(x^2-y^2)=0$ 以及 $5(x-y)=0$ 是显而易见的。因此，$2(x^2-y^2)=5(x-y)$。

现在将这个等式的两边都除以 $(x-y)$，

于是得到 $2(x+y)=5$。

但是 $(x+y)=(1+1)=2$，

因此就有 $2\times 2=5$。

自从我不得不接受了这个令人痛苦的结果之后，我每晚的睡眠时间不会超过 8 小时，每天吃的饭也不会超过 3 顿。

我相信你会同情我，并会善意地帮我解决这个困难。

困惑的农夫（又来了！）

图 68 中的结果也为第 16 篇中的那位农夫的问题提供了另一种巧妙的解法。

这个想法是从一个边长为 1 的正方形开始的，设 x 表示其中两条平行边伸长的长度（图 70）。

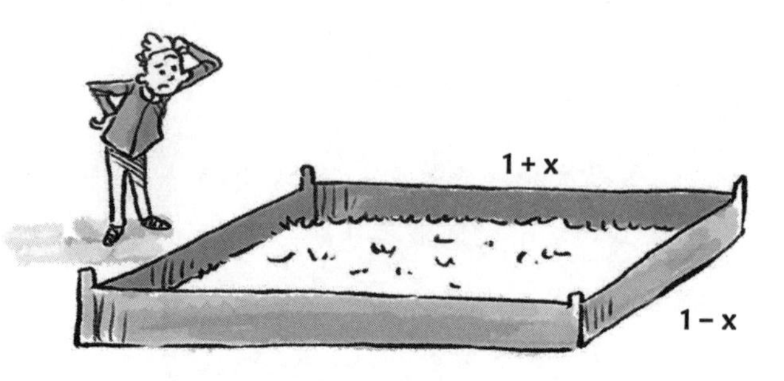

图 70　困惑的农夫

由于围栏的总长度是固定的（为 4），因此另两条平行边就必须缩短相同的长度 x，于是面积就会是：

$$A=(1+x)(1-x)$$
$$=1-x^2$$

A 在 $x=0$ 时取最大值。

因此，我们再次发现正方形是最佳方案。

而且，在很多方面，对事物的这种特殊看法其实只是邪恶老师的再现！

一些极限情况

当光在两种介质之间的平面边界处发生折射时，它在任意两个给定点A和B之间的路径所花的**时间是最少的**。

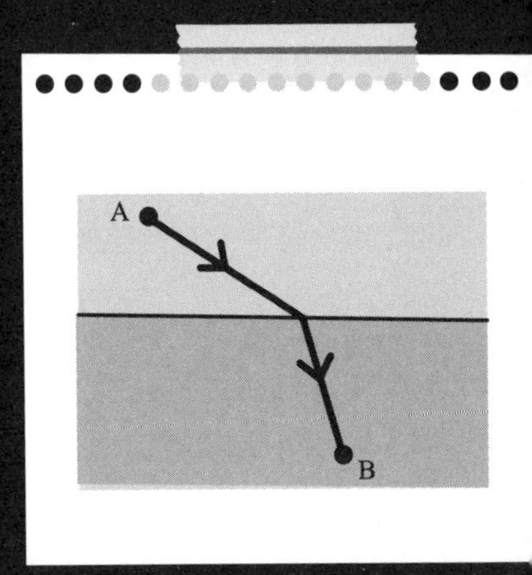

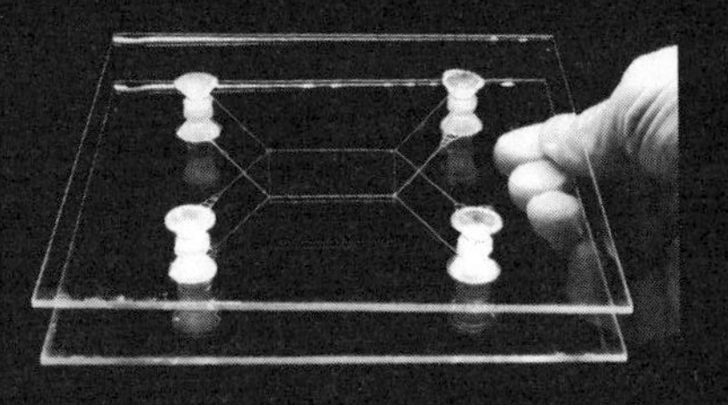

这张肥皂膜找到了将4根大头针都连起来的**最短路径**。

奇异的力量

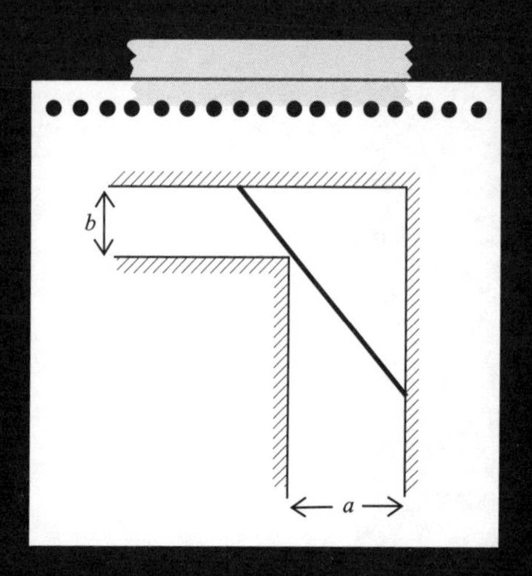

能绕过这个拐角的最长梯子的长度为

$$L=\left(a^{2/3}+b^{2/3}\right)^{3/2}$$

（$x^{3/2}$ 表示 x 的立方的平方根，而 $x^{2/3}$ 表示 x 的平方的立方根。）

19
列车、船和飞机

涉及运动的问题可以提供一些用简单的素材来呈现数学的优雅的好机会。

这里的关键思想是，如果某个物体以恒定的速率运动，那么行进的距离与所花费的时间成正比，而速率本身就是两者之比：

$$速率=\frac{行进的距离}{花费的时间}$$

为了说明这一思想是发挥作用的，我想从一些益智题开始，其中每道益智题都有一些有趣的数学特征。

图 71　列车、船和飞机

相向而行的列车

一趟列车以恒定速率从 A 行驶到 B，用时 T_A 分钟。从同一时间开始，另一趟列车以恒定速率从 B 行驶到 A，用时 T_B 分钟（图 72）。

它们出发后多久会相遇？

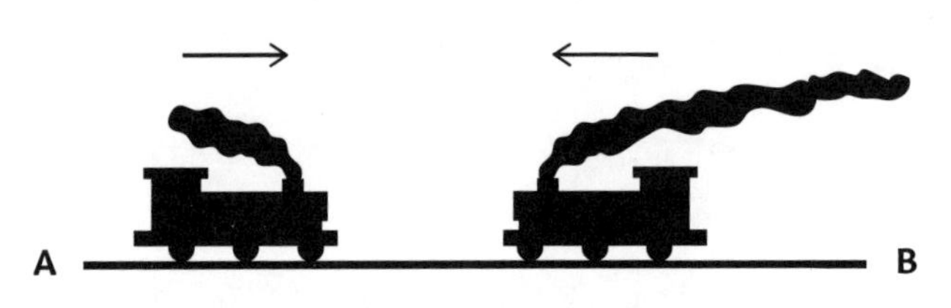

图 72　相向而行的列车

设 T 表示这个相遇时间当然是合理的。

现在，由于第一趟列车以恒定速率行驶，行驶的距离就会与所花费的时间成正比，因此过了时间 T 后，它将完成其行程的 $\frac{T}{T_A}$ 部分。

同理，第二趟列车在这段时间里将完成它行程的 $\frac{T}{T_B}$ 部分。

但这两个分数加起来显然必须等于 1，然后除以 T，就得到

$$\frac{1}{T}=\frac{1}{T_A}+\frac{1}{T_B}$$

虽然我更喜欢这个答案的优雅形式，但如果我们愿意，也可以将其改写为：

$$T=\frac{T_A T_B}{T_A+T_B}$$

相遇之后继续行进

关于这道题的一个有趣的变化形式出现在托马斯·辛普森1745年的《代数论》一书中（图73）。

第46题

一名旅行者从A出发去B，同时另一名旅行者从B出发去A。他们都做匀速运动，并且彼此的速率满足以下比例：前者在相遇后4小时到达B，后者在相遇后9小时到达A。现在的问题是，求他们在相遇前所花费的时间。

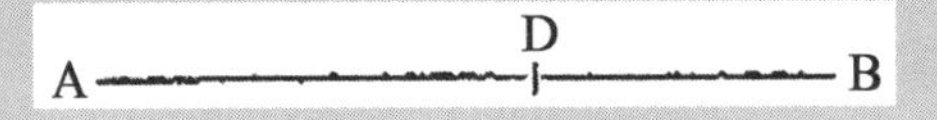

图73　摘自托马斯·辛普森的《代数论》（1745）

这里给出的不是整个旅程的时间，而是他们相遇后完成路程还需要的时间 T_a、T_b，由此可求得他们相遇前所花费的时间是：

$$T=\sqrt{T_aT_b}$$

（见注释，第 196 页）。

我们再一次看到，相遇前所花的时间关于 A 和 B 具有一种令人愉快的（尽管也是必要的）对称性。

在风中飞行

如图 74 所示，一架飞机从 A 直线飞行到 B，然后从 B 直线返回 A。它以恒定的速率飞行，没有风。

现在假设在整个飞行过程中，在相同的恒定发动机速率下，有恒定的风从 A 吹到 B。

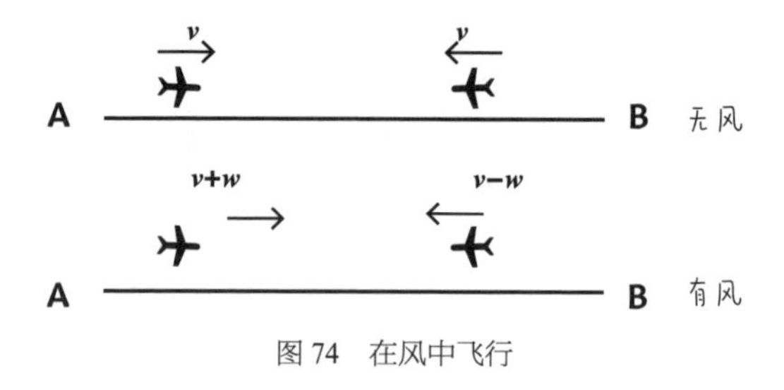

图 74　在风中飞行

在这种情况下总的飞行时间是与无风时相同，还是更长，或更短？

乍一看，也许会觉得是相同的——风会在飞去的途中为飞机加速，在飞回的途中使飞机减速，这两种影响可能会相互抵消。

但我们只要用数学中一个非常普遍的检验程序就可以立即推翻这个想法，这个程序就是将事情推向极端。

那么,假设风真的很强——事实上几乎（但不完全）等于发动机速率。在这种情况下，顺风飞行所需的时间几乎会减半——这太好了。但问题是，返程的飞行将非常可怕，因为飞机会逆着风极为缓慢地飞行。

事实上，当有恒定的风时，总的飞行时间总是更长。

对此，我们可以证明如下：

设 A 和 B 之间的距离为 D，飞机相对于静止空气（无风）的速率为 v。

那么无风时的总飞行时间为：

$$T_1=\frac{2D}{v}$$

但如果风速为 w，那么总的飞行时间为：

$$T_2=\frac{D}{v+w}+\frac{D}{v-w}$$

$$=\frac{D(v-w)+D(v+w)}{(v+w)(v-w)}$$

利用图 68 所示的那个代数公式，上式可简化为：

$$T_2=\frac{2Dv}{v^2-w^2}$$

因此：

$$\frac{T_2}{T_1}=\frac{v^2}{v^2-w^2}$$

而这个比值总是大于 1，并且如果 w 只比 v 小一点点，那么这个比值就会非常大，正如我们之前注意到的那样。

丢失的帽子

在一条流速为 2 英里 / 时的河流中，一名男子划船顺流而下（图 75）。当他经过一座桥时，听到了水花飞溅的声音，但没有意识到这是他的帽子掉进水里了，漂浮在水面上。

图 75　丢失的帽子

一个小时后，他注意到自己的帽子不见了，于是记起了桥下的飞溅声。他在静水中划船的速率是 3 英里 / 时。

他需要逆流划船多久才能拿回帽子？

*　　*　　*

我无法描述我当时试图解答这道特别的题目时的狼狈处境，主要是因为我看待它的方式是错误的。

确实，那是一个美好的夏日下午，我懒洋洋地躺在花园里的一棵树下，刚吃完一顿美味的周日午餐，还喝了很多酒。

但是，即便如此……

（答案见第 197 页。）

20

我以前在某个地方见过……

冒着看起来有点痴迷于这个话题的风险，我想再谈一谈浴缸灌水的那个问题。

假设在图 76 中，龙头 A 给浴缸灌满水需要的时间是 T_A，而龙头 B 给浴缸灌满水需要的时间是 T_B，每次灌水都以恒定的速率进行。

图 76　重新审视浴缸灌水问题

那么，对于它们一起给浴缸灌满水需要的时间 T，就有

$$\frac{1}{T}=\frac{1}{T_{\mathrm{A}}}+\frac{1}{T_{\mathrm{B}}}$$

这令人吃惊地想起了第 19 篇中“相向而行的列车”问题。然而，稍微想一想，就知道这并不奇怪。

毕竟，在每种情况下，都有两个机构试图以各自的恒定速率完成某项任务，而这项任务是给浴缸灌满水还是走完两个车站之间的整段距离并不重要。

在列车的情况下，它们相遇前所花费的时间 T 正是它们共同行驶完全程的时间。

然而，数学中的不同部分之间的联系有时会更加微妙和引人入胜。

一个关于两架交叉梯子的问题

在几何学中，相似三角形是一个强有力的概念。

这些三角形的形状完全相同，尽管它们的大小可能完全不同。特别是它们有相同的三个角。

由相似三角形得出的关键结果是，这些三角形具有比例相同的三条边。

图 77 所展示的是一个经典的例子：通过一根短的竖杆计算出塔的高度，因为它们的高度之比与阴影的长度之比是相同的。

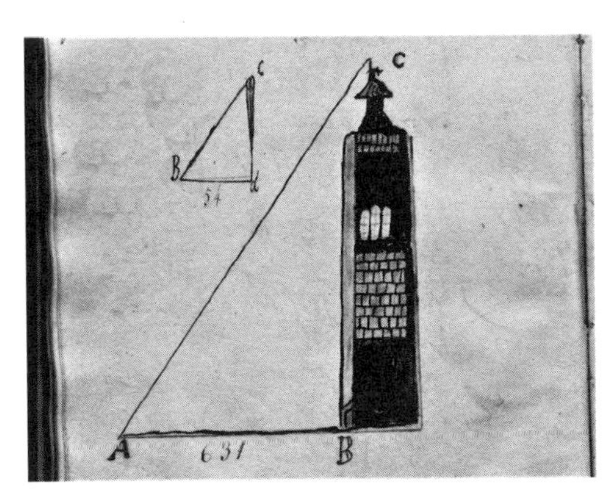

图 77　威廉 · 博瑟姆 1819 年在练习本中通过相似三角形的概念求出了塔的高度

一个更奇特一点的问题可以追溯到公元 850 年，出自印度数学家摩诃毗罗（Mahavira）的一本古老的教科书。

两架梯子靠在一条小巷的墙上（图 78），已知高度为 a 和 b，这里的问题是要确定这两架梯子交叉处的高度 h。

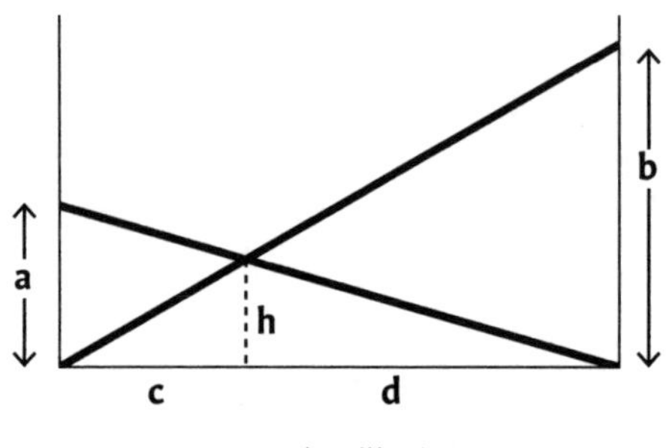

图 78　交叉梯子问题

就像在“塔的问题”中一样，相似三角形再一次拯救了我们。因为根据其中一对相似三角形可得：

$$\frac{h}{b}=\frac{c}{c+d}$$

根据另一对相似三角形可得：

$$\frac{h}{a}=\frac{d}{c+d}$$

将以上两式相加，并除以 h，就得到：

$$\frac{1}{h}=\frac{1}{a}+\frac{1}{b}$$

乍一看，现在这个问题与“相向而行的列车”之间的联系变得更为神秘了。

然而，这是有原因的。

运动图像

在距离－时间图上表示出匀速运动有时是会提供帮助的（图 79）。在这种情况下，图中的直线的斜率表示物体的速率。

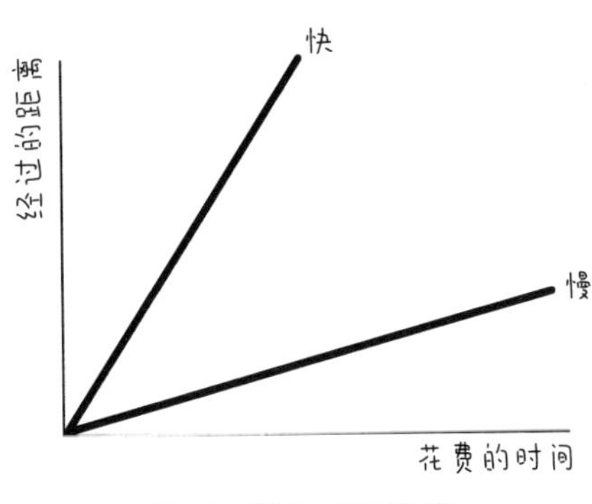

图 79　距离－时间图像

现在让我们用这种方式来处理第 116 页的“相向而行的列车”问题：在距离－时间图上绘制这两趟列车的运行情况（图 80）。

然后，从这个角度来看，“相向而行的列车”问题实际上就是图 78 中的交叉梯子问题，只不过旋转了 90°！

在数学不同方面之间的这种令人惊讶的联系，提供了这门学科中的一些最深层的乐趣，尤其是在较高的水平上。

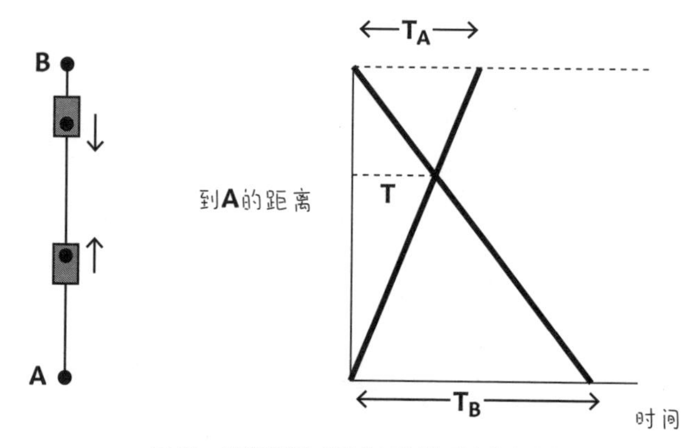

图 80　重新审视“相向而行的列车”问题

21
一个苹果掉下来了……

1666 年夏天，艾萨克 · 牛顿（Isaac Newton）在他的花园里看到一个苹果掉了下来，于是很快就发现了万有引力（图 81）。

图 81　牛顿和苹果

至少，据说是这样的，它把我们引向动力学的研究领域，动力学是一门讨论事物如何（以及为什么）随着时间的推移而变化的学科。

与我们之前的那些运动的例子形成鲜明对比的是，在下落过程中，苹果的速率一直在变化。

事实上，如果没有空气阻力，那么苹果开始运动 t 时间后的速率由：

$$v = gt$$

求出，因此 v 随 t 成正比地增大。

这里的比例常数是：

$$g \approx 9.81 \text{ m s}^{-2}$$

它度量了 v 随时间增长的快慢，代表向下的加速度。

这个加速度本身是由重力对苹果的作用所产生的向下的力 F（Force）决定的，如果 m 表示苹果的质量，那么 $F = mg$（图 82）。

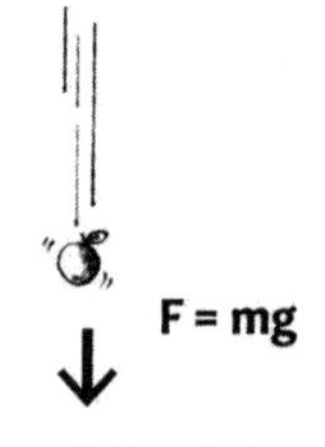

图 82　作用在苹果上的力

得出这一点是因为牛顿的那条著名的运动定律，现在通常表述为：

$$力 = 质量 \times 加速度$$

不过，在进一步讨论之前，我们应该注意到，这里的“加速度”与日常生活中经常使用的含义是不同的。

例如，当我们开车旅行时，我们倾向于将加速度视为速率的变化率，而不考虑运动方向的改变。

但事实上，这在数学和科学上都是不准确的。加速度不是速率的变化率，它是速度的变化率，速度是有方向的速率。

因此，即使物体以恒定的速率运动，如果它的运动方向发生了变化，那么它也会有一个非零的加速度。这个加速度本身在任何给定的时刻都会有一个特定的方向，这一点可能不是很直观。

圆周运动

例如，考虑一个物体在一个圆上所做的运动（图 83）。即使物体的速率 v 是常数，它的速度的方向也一直在变化，其结果是有一个指向圆心的加速度 v^2/r，其中 r 是半径。

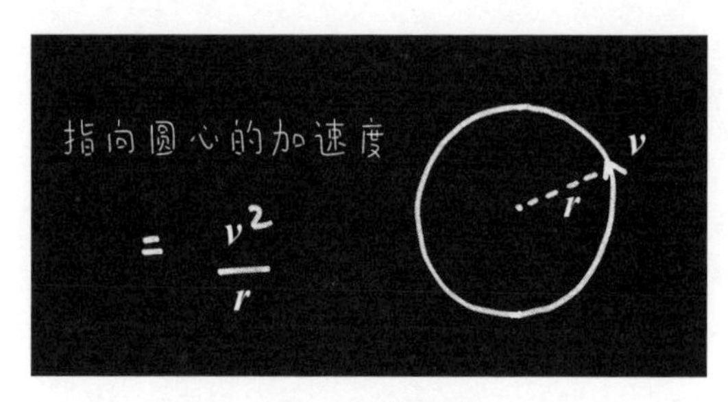

图 83　圆周运动

如果你对这里所说的感到有点惊讶，那么请注意，根据牛顿运动定律，这个加速度需要一个指向圆心的力：

$$F = mv^2/r$$

其中 m 是物体的质量，而这当然是符合一般经验的。

这是因为，比如说，如果我们用一根带子转动一块石头，那么我们需要对石头施加一个沿着径向向内的力，以阻止它沿切线方向飞出去（图 84）。

此外，值得注意的是，这个力 mv^2/r 随着 v 的增大而增大，也随着 r 变小而增大，这与一般经验也是一致的。

在 17 世纪，当这些想法都应用于行星的运动时，它们带来了科学史上最伟大的发现之一。

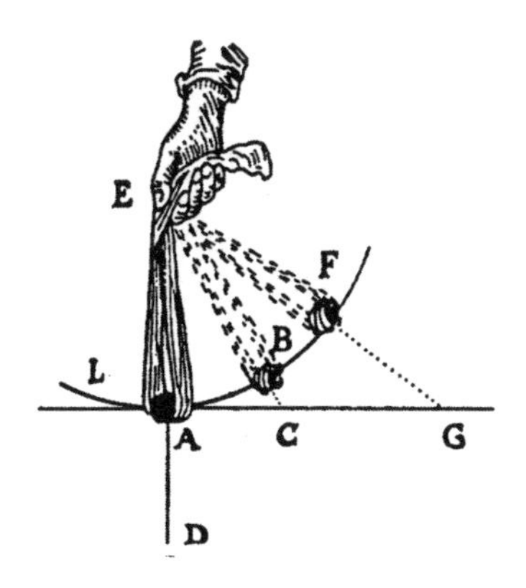

图 84　用带子吊着一块石头转动，摘自笛卡儿的《哲学原理》（*Principles of Philosophy*，1644）

不过，我在这里选择了将它们应用于一些可以说是相当无足轻重的事情……

22
过山车数学

现代过山车的一大亮点是“翻筋斗”，你乘坐它的时候，可以在短时间内上下颠倒。

图 85 展示了一个玩具模型，其中一个球沿着一个陡峭的斜面加速，进入一个圆圈，但是其初速度不足以使它到达顶部。

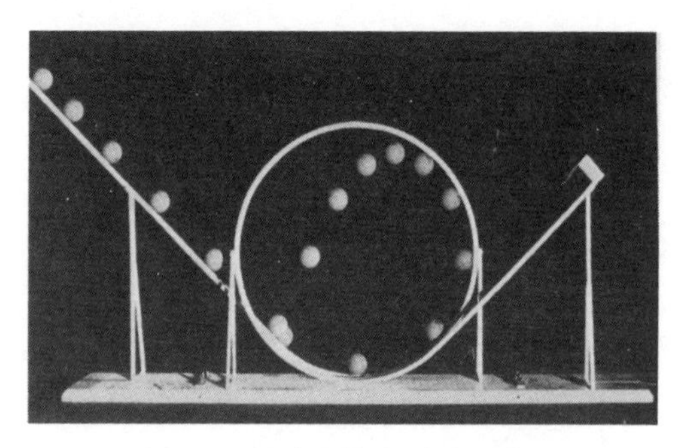

图 85　不完全翻筋斗（频闪图像）

不过，主题公园中与此类似的那些圆圈通常不是圆形的，为了理解这是为什么，我们需要首先简要回顾第21篇中那个掉落的苹果。

重新审视苹果的运动

我们已经注意到，苹果的向下速度是 $v = gt$。

由于速率一直在变化，因此我们熟悉的距离 = 速率 × 时间这一公式就不适用了。事实证明，在时间 t 中下落的距离 h 是由图 86 的公式求出的。

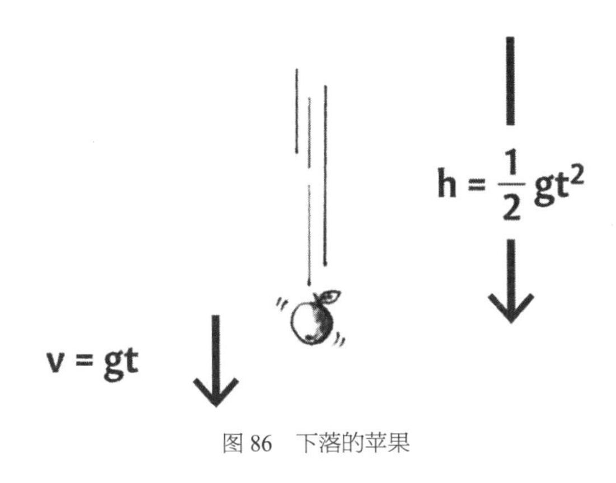

图 86　下落的苹果

我们如果在上面的两个方程中消去 t，就会得出

$v^2=2gh$。然后我们再将此等式的两边乘以$\frac{1}{2}m$，其中 m 是苹果的质量，我们就得到了更重要的东西：

$$\frac{1}{2}mv^2 = mgh$$

因为这是能量守恒的一个例子；$\frac{1}{2}mv^2$ 是苹果因（从初始静止状态）下落而获得的动能，mgh 是苹果在下落高度 h 的过程中损失的重力势能。

动能的关键方面之一特别在于，要计算$\frac{1}{2}mv^2$，我们只需要知道物体运动的速率，而与它的方向无关。

于是这就意味着，我们可以立即将这些想法应用于过山车问题。

过山车动力学

假设我们有一个半径为 r 的圆环，一辆车以速率 v_B 进入圆环的底部，并在顶部减速至速度 v_T（图 87）。

这辆车从底部到顶部，其高度增加了 $2r$，由此获得的势能与损失的动能相等，我们就得到：

$$\frac{1}{2}mv_B^2 - \frac{1}{2}mv_T^2 = 2mgr$$

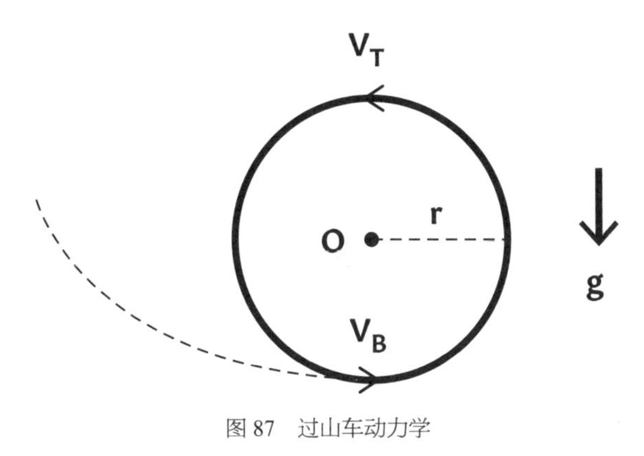

图 87　过山车动力学

有点出乎意料的是，如果我们将上式除以$\frac{1}{2}mr$，就得到了指向中心 O 的加速度之间的一个关系：

$$\frac{v_B^2}{r}=\frac{v_T^2}{r}+4g$$

由此就能推出：为了使过山车能够到达顶部，在它进入圆环时，指向 O 的加速度必须至少为 $4g$。

现在，我已经根据一些运动定律，从一个双脚牢牢踩在地面上的静止观察者的角度解释了到现在为止发生的一切。

但坐在车厢里的乘客会以完全不同的方式来对这里发生的一切自圆其说。如果他的质量是 m，那么除了

正常的重力 mg，他在进入圆环时还会受到至少 $4mg$ 的向下的离心力。

如果没有牢靠的装置防止过山车脱轨，或者乘客没有束牢在座椅上的话，情况会更糟，因为他需要 $v_T^2/r > g$，以抵消处于圆环顶部时向下的重力，从而阻止他掉下来。在圆环的底部，他将承受至少共计 $6mg$ 的向下的力，即他自身重力的 6 倍。

这么大的力足以让大多数人失去知觉，这就是为什么在实际情况中，环形过山车有一种特殊设计，以避免这些极端加速度。

23
重新审视电吉他

当一把吉他弦以基本模式振动时，它所产生的音符的频率由图 88 中的公式求出。

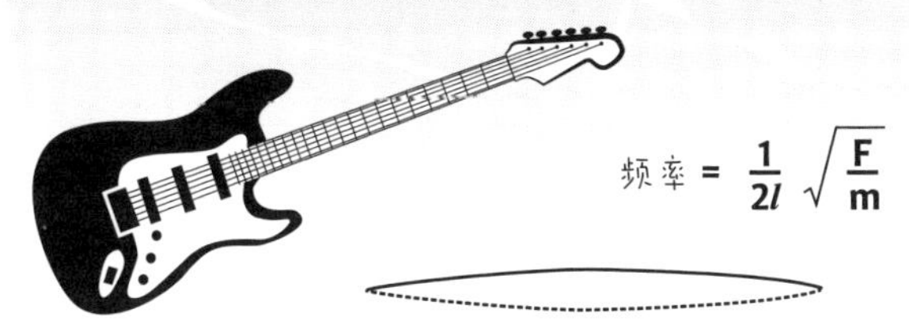

图 88　一把吉他弦的振动。这里 F 表示弦中的张力，l 表示弦的长度，而 m 表示单位长度的弦的质量

虽然仅用简单素材不可能建立这个公式，但我们可以非常接近！

这里的秘密就在于仔细观察所涉及的各种量的量纲。

量纲法

在任何纯力学问题中，每个量的物理量纲都必须是质量（M）、长度（L）和时间（T）的某种组合（图 89）。

例如，速度的量纲是 L/T，以米 / 秒为单位。

加速度的量纲是 L/T^2（例如，重力产生的加速度 g 为 9.81 m/s^2）。

力的量纲是 ML/T^2，这本质上是因为牛顿运动定律：力 = 质量 × 加速度。

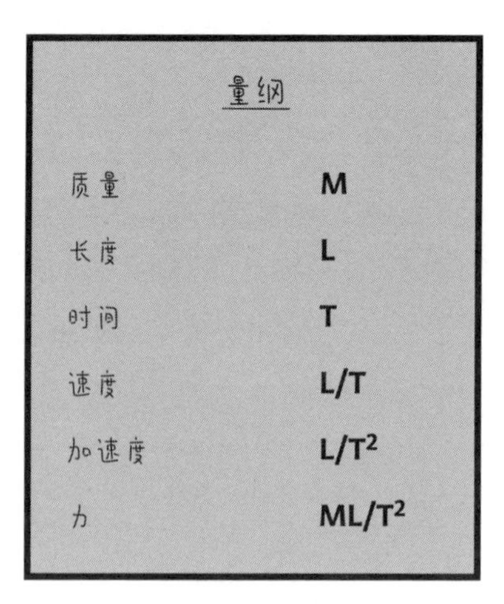

图 89　一些量纲

这些想法通常可以对力学过程提供非常简单但有效的检验。

圆周运动

例如，在第 21 篇中，我曾提出当一个物体以速度 v 绕半径为 r 的圆运动时，它有一个指向圆心的加速度 v^2/r（图 90）。

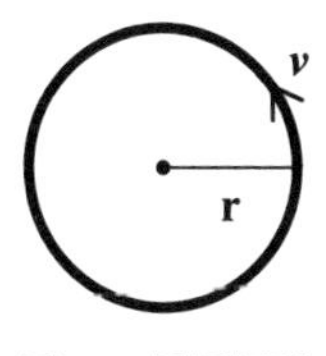

图 90　圆周运动

虽然这个结果的推导超出了本书的范围，但我们可以很容易地检验，至少这个公式在量纲上是正确的。

v^2 的量纲是 L^2/T^2，r 是长度，它的量纲是 L。因此 v^2/r 的量纲是 L/T^2，这确实就是加速度的量纲。

单摆

第二个例子：在一根长度为 l 的细绳末端系一个小

球，构成一个摆。

实验证明，一次小幅来回振荡所需的时间与小球的质量无关，而由图 91 中的公式求出。

图 91　单摆

其中的 g 表示一个物体在重力作用下自由下落时的加速度，其量纲为 L/T^2。所以，当用长度 l 除以 g，我们就得到一个量纲为 T^2 的量。在取平方根之后，我们最终得到了某个具有时间维度的东西，这正是我们应该得到的。

不过，无论这一切多么令人满意，一般来说，量纲法能做到的，除了用来检验，还有更多。

重新审视吉他

这里起作用的物理量如图92所示，我们想将它们结合起来，从而找到一个振动频率的公式。

注意，这里的 m 表示的不是弦的质量（弦的质量应该与 l 成正比），而是单位长度的弦的质量，对所讨论的弦来说，这会是某个固定的量。

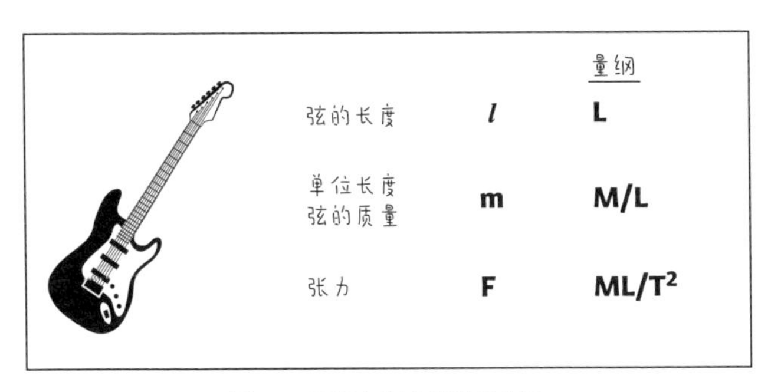

图92 重新审视吉他弦的振动

所以，当我们按下吉他上用来定音的不同品位时，频率公式中唯一会改变的就是弦的长度 l。

频率本身就是单位时间内的振动次数，因此它的量纲为 $1/T$。

只有一种方法可以从 l、m 和 F 得到这样一个量。

首先，为了使 M“出局”，F 和 m 只能组合成 F/m 进入公式，量纲为 L^2/T^2。

要把它和弦的长度 l 结合起来得到量纲为 $1/T$ 的量，唯一方法就是取 F/m 的平方根，然后除以 l。

通过这种方式，我们仅仅依靠量纲考虑就可知道，吉他弦的振动频率必定正比于

$$\frac{1}{l}\sqrt{\frac{F}{m}}$$

其比例常数是某个纯数（实际上是$\frac{1}{2}$），根本没有量纲。

于是特别地能推得：振动频率必然与弦的长度 l 成反比。

穿越地球之旅?

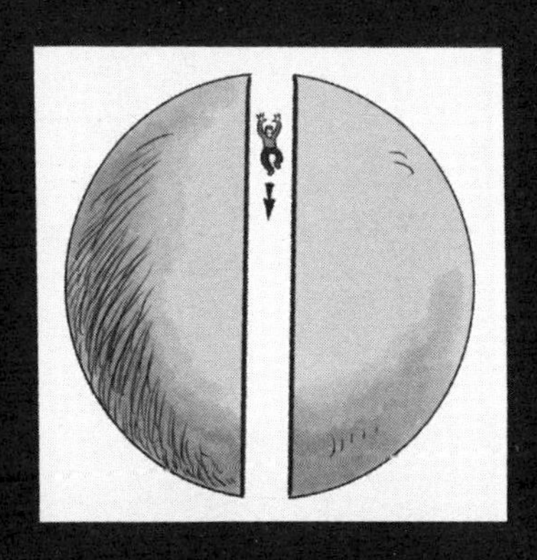

如果地球是一个密度均匀的固体球，那么，在没有摩擦的情况下，你直接穿越经过它中心的一条隧道需要 42 分钟。

更值得注意的是，对于所有穿过地球的直线隧道，这种引力旅行所需的时间都是相同的。

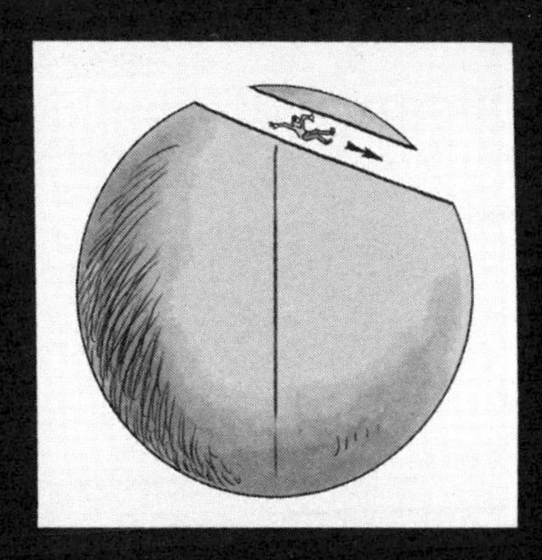

1909年，卡米伊·弗拉马里翁(Camille Flammarion)为《斯特兰德月刊》(Strand Magazine)撰写的一篇极具想象力的文章使这一想法流行了起来。

42 分钟的行程时间来自这个公式，其中 R 是地球的半径，g 是地球表面的重力加速度。

$$\pi\sqrt{\frac{R}{g}}$$

24
多米诺骨牌效应

有一个关于传奇数学家卡尔·高斯（Carl Gauss）的著名故事。故事发生在18世纪80年代，当时高斯还是个小学生。

有一天，他的老师为了不让他闲着出了一道题，叫他把从1到100的所有整数全加起来。

然而，几乎没花什么时间，高斯就得到了答案（图93）。

图93　一个真正聪明的加法运算

他的诀窍是，如果把要算的求和式逆序写出来，然后将两个数列中对应的项相加，就会得到 100 个数，而其中每一个数都是 101。因此，答案是 10100 的一半，即 5050。

不仅如此，借助于一点代数，我们就可以立即将其推广到图 94 中的结果，因为在这种情况下逆序并相加会得到 n 个数，每个数都是 $n+1$。

$$1+2+3+\cdots+n=\frac{1}{2}n(n+1)$$

图 94　一个推广

不过，事实上，我引入这一特别结果的真正原因是，这样我就可以用它来向你展示一种完全不同的证明方法。

归纳法证明

我们想证明图 94 中的结果对任意正整数 n 都是成立的。

那么，假设我们碰巧知道对于 n 的一个特定值，我

称之为 N，这一结果成立，因此：

$$N\text{ 项之和}=\frac{1}{2}N(N+1)$$

由于所考虑的级数的第（$N+1$）项就是 $N+1$，因此立即得出：

$$N+1\text{ 项之和}=\frac{1}{2}N(N+1)+(N+1)$$

等式右边值得注意的地方在于，它可以被改写为：

$$\frac{1}{2}(N+1)(N+2)$$

这就是原来的公式$\frac{1}{2}N(N+1)$，只是其中的 N 用 $N+1$ 取代了！

图 95　归纳法证明常常被比作推倒一排多米诺骨牌

换句话说，我们已经表明，如果图 94 中的公式 $\frac{1}{2}n(n+1)$ 对一个特定的整数 n 成立，那么它对下一个整数也成立。

现在，当 $n=1$ 时，它当然成立，因为这种情况下图 94 中的等式两边都是 1。因此，当 $n=2$ 时，它也必定成立。既然我们知道它对 $n=2$ 成立，那么它对 $n=3$ 也必定成立，以此类推。

以这种非常不同的方式，我们（再次）知道了对于任意正整数 n，有

$$1+2+\cdots+n=\frac{1}{2}n(n+1)$$

归纳法证明的整个思想在数学中是非常强大的，人们认为它可以追溯到 1575 年弗朗切斯科 · 毛罗利科（Francesco Maurolico）的《算术》（*Arithmeticorum Libri Duo*），它在此书中被用来证明前 n 个奇数之和等于 n^2（图 96）。

不妨这样说，我一直很喜欢这种方法，哪怕只是因为它略带如履薄冰的气息。

毕竟，除非你非常小心，否则你会发现自己一开始就假设了你想要证明的事情！

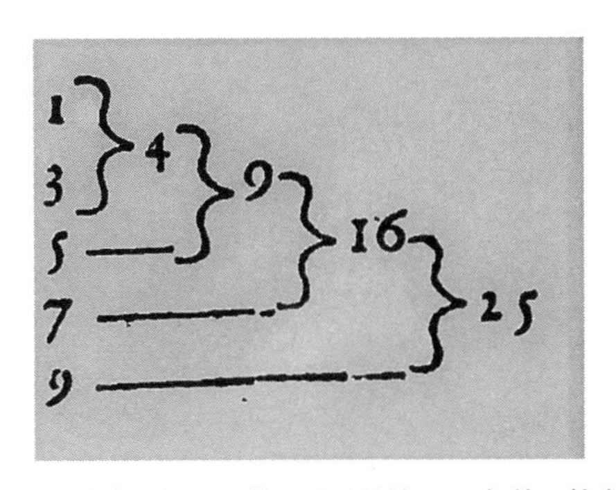

图 96　摘自弗朗切斯科·毛罗利科 1575 年的《算术》

其他例子

由于前 N 个整数之和更易通过高斯的巧妙技巧确定，因此它并没有完全体现出归纳证明方法最出色的一面。

不过，如果我们考虑前 N 个平方数（甚至立方数）之和，情况就完全不同了，因为它们完全不适用于高斯的那个技巧（图 97）。有些读者甚至可能想自己尝试一下用归纳法去证明图 97 中的那两个结果（见注释，第 198 页）。

奇异的是，从代数上来看，证明立方数之和的公式实际上要比证明平方数之和的公式容易！

$$1^2+2^2+\cdots+N^2=\frac{1}{6}N(N+1)(2N+1)$$

$$1^3+2^3+\cdots+N^3=\frac{1}{4}N^2(N+1)^2$$

图 97　另外两个很容易通过归纳法证明的结果

一条双色定理

我忍不住要用一个吸引人但略显琐碎的例子再谈一下归纳法，以此来结束本文，这个例子源于第 07 篇的地图着色问题。

在一种非常特殊的情况下，当区域之间的边界仅由平面上的 n 条直线构成，并且在任何一点相交的直线不超过两条时，只需要两种颜色。

为了证明这一点，假设我们知道对于 n 的一个特定值，两种颜色就够了。

然后，我们再加一条线，即图 98（a）中的那条虚线，地图上沿着这条线的着色方式会违反我们的着色规定，但其他地方的情况仍然“没问题”。

如果我们在这条新直线的一侧翻转所有颜色，同时让其他一切都保持“没问题”，我们就可以很轻易地解决这个问题［图 98（b）］。

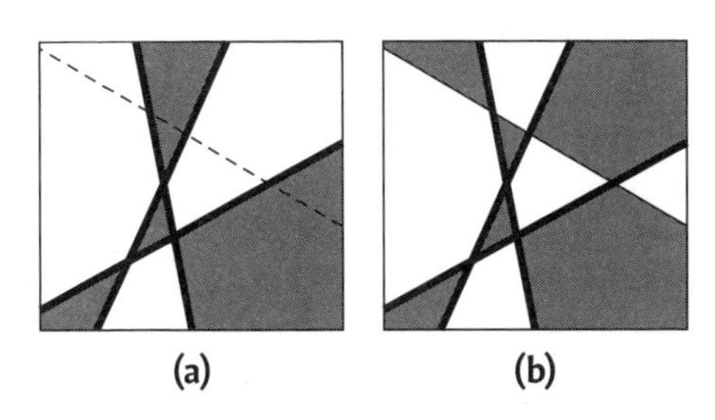

图 98　归纳法处理地图着色

因此，如果两种颜色对于 n 的一个特定值是足够的，那么由此推得：它们对于 n 的下一个值也是足够的。

而当 $n=1$ 时，两种颜色就够了。

25
实数还是虚数？

求解二次方程总会带来一种兴奋感。

这是由一个简单的问题引起的：

它的解会是实数吗？

为了理解我的意思，你可以考虑一下图 99 中的这个一元二次方程。这里，a、b 和 c 是“已知”量（其中 a 不为零），这里的问题是（和以往一样）求 x。

令人高兴的是，我们可以很容易地推导出这个解：只需要除以 a，然后“配成平方”（见注释，第 199 页）。然而，只要看一眼这个解，就会发现只有在

$$b^2 \geqslant 4ac$$

的情况下，x 才是实数，否则，我们最终就会试图去求

一个负数的平方根。

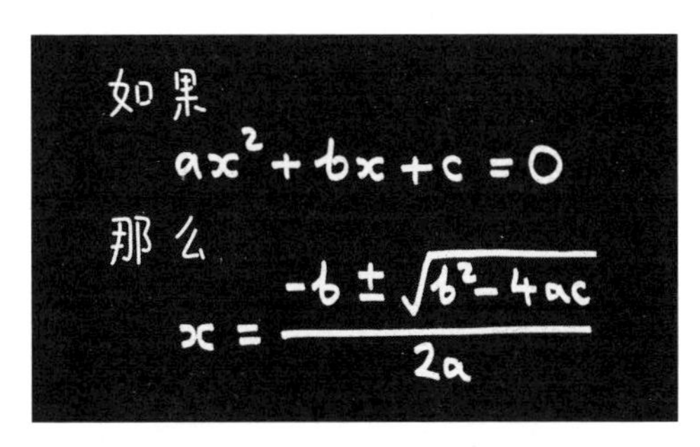

图 99　一般二次方程和它的解

在科学和工程的应用中，二次方程的这一特殊方面往往是极为重要的。

下面是一个例子。

旋转的陀螺

旋转的陀螺是如何避免倒下的呢?

特别是，是否需要达到某个临界转速才能使它的直立位置保持稳定（图 100）？

事实上，这是一个相当复杂的力学问题，需要大量的高等数学才能解答。不过，这一切最终都归结为一个二次方程。

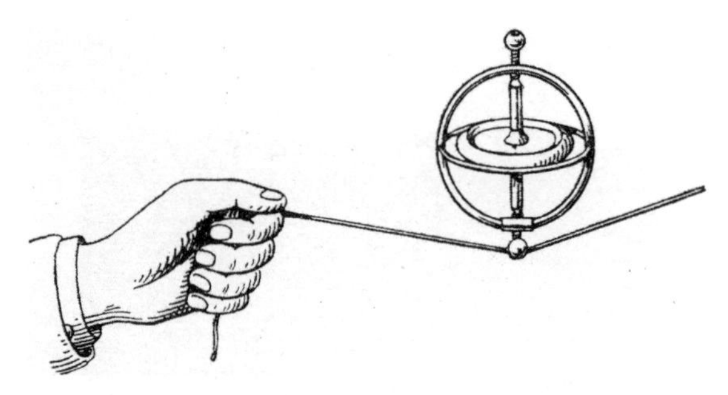

图 100　旋转的陀螺是如何保持直立的？（摘自 H. 克拉布特里（H. Crabtree）的《旋转的陀螺和陀螺运动》（*Spinning Tops and Gyroscopic Motion*，Longmans，1909）

对于图 101 所示的这一简单模型，在一个（无重量的）轴上只有一个薄圆盘，可推出所讨论的二次方程：

$$\frac{5}{4}x^2 - \pi Rx + \frac{g}{l} = 0$$

在这里，g 和往常一样，表示在重力作用下自由下落物体的加速度，R 是圆盘绕其轴的转速，单位为转/秒。

当旋转陀螺从其纯直立位置受到轻微干扰时，方程中的 x 这个数本身与陀螺的摆动有关。如果 x 是实数，那么陀螺是稳定的，否则就不稳定了。

于是，从上述方程按 $b^2 \geqslant 4ac$ 得出的

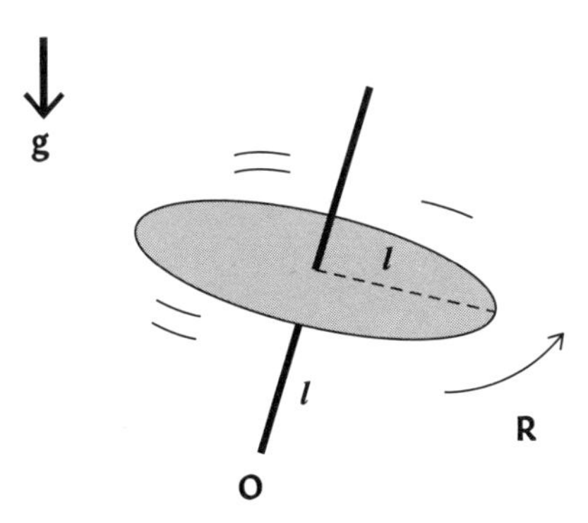

图 101　一个简单的旋转陀螺。在这里 l 既表示圆盘的半径，也表示盘与固定点 O 之间的距离

$$R > \frac{1}{\pi}\sqrt{\frac{5g}{l}}$$

就告诉我们，如果转速 R 满足这一条件，那么陀螺就会稳定地在其直立位置，但如果 R 低于该临界值，那么陀螺就不稳定了。

因此这就解释了我们从实验中知道的以下事实：只有当我们将陀螺转得足够快时，它才会稳定在直立位置。比如说，当 $l = 5\text{cm}$，$g = 981\text{cm/s}^2$ 时，R 的临界值约为 10 转/秒。

多年前，二次方程甚至以类似的方式进入了我自己的数学研究，那是关于天体物理流体动力学的研究。

因此，虽然初级数学教科书通常关注二次方程的实数解，而对其他解相对不感兴趣，但我自己的经验恰恰相反：通常正是当解不是实数时，事情才真正开始精彩起来！

26
–1 的平方根

–1 的平方根是什么样的数？

它不可能是一个“实数”，因为如果我们对任何实数求平方，无论它是正数还是负数，结果总是正数。

正因为这一原因，它被称为“虚数”，用 i 来表示（图 102）。

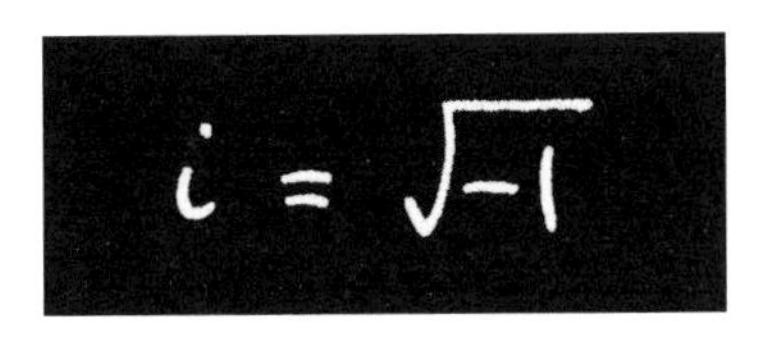

图 102　–1 的平方根

我们已经看到了虚数如何从二次方程的解中产生。然而，奇怪的是，这并不是虚数真正进入数学的方式。

相反，它是通过三次方程进入数学之中的。

三次方程

三次方程

$$x^3 = px + q$$

的通解是[①]

$$x = \sqrt[3]{\frac{q}{2} + \sqrt{\left(\frac{q}{2}\right)^2 - \left(\frac{p}{3}\right)^3}} + \sqrt[3]{\frac{q}{2} - \sqrt{\left(\frac{q}{2}\right)^2 - \left(\frac{p}{3}\right)^3}}$$

其中$\sqrt[3]{\ }$表示立方根。

杰罗拉莫·卡尔达诺（Gerolamo Cardano，1501—1576）（图 103）在 1545 年的《大术》（*Ars Magna*）一书中首次发表了这个解（以文字形式），尽管他承认第一位发现者是 16 世纪 20 年代博洛尼亚的数学讲师希皮奥

---

① 三次方程应有三个根，另两个是

$$x = w\sqrt[3]{\frac{q}{2} + \sqrt{\left(\frac{q}{2}\right)^2 - \left(\frac{p}{3}\right)^3}} + w^2\sqrt[3]{\frac{q}{2} - \sqrt{\left(\frac{q}{2}\right)^2 - \left(\frac{p}{3}\right)^3}}$$ 和

$$x = w^2\sqrt[3]{\frac{q}{2} + \sqrt{\left(\frac{q}{2}\right)^2 - \left(\frac{p}{3}\right)^3}} + w\sqrt[3]{\frac{q}{2} - \sqrt{\left(\frac{q}{2}\right)^2 - \left(\frac{p}{3}\right)^3}}，$$

其中$w = \frac{-1 + \sqrt{3i}}{2}$。——译者注

内·德尔·费罗（Scipione del Ferro）。

图 103　杰罗拉莫·卡尔达诺

卡尔达诺还承认了尼科洛·塔尔塔利亚（Niccolo Tartaglia）的贡献，他在 1539 年从塔尔塔利亚那里得知了一些关于三次方程的秘密。随后他们之间发生了一场激烈的争吵，因为卡尔达诺曾向塔尔塔利亚承诺永远不会发表他的发现，更奇怪的是，他还要

> “把它们用密码记录下来，这样在我死后，就没有人能理解它们了。”

无论如何，尽管三次方程的通解是一项伟大的数学成就，但实际去用它可能有点棘手。

实数的还是虚数的？

下面这个特例很好地说明了这个问题：

$$x^3 = 15x + 4$$

首先，请注意这个方程显然存在着一个实数解，$x = 4$，因为这使得方程的两边都等于 64。

然而，卡尔达诺的通解在这种情况下给出的却是：

$$x=\sqrt[3]{2+11i}+\sqrt[3]{2-11i}$$ [①]

其中 $i=\sqrt{-1}$。

那么，我们究竟怎样才能从这个式子得到 $x=4$ 呢？这就轮到另一位意大利学者拉斐尔·邦贝利（Rafael Bombelli）了，他在 1572 年的《代数学》（*Algebra*）一书（图 104）中表明，这是可以做到的，但必须认真对待虚数，并使其服从所有常见的代数规则，而且无论在哪里出现了 i^2，都要用 –1 代替它。

他特别注意到以下几点。如果我们取 2 + i，并将

① 该方程的另两个根是 $-2+\sqrt{3}$ 和 $-2-\sqrt{3}$。——译者注

其自身相乘，就得到：

$$(2+i)^2=4+4i+i^2$$

$$=3+4i$$

如果我们现在再乘以 $2+i$，就得到：

$$(3+4i)(2+i)=6+11i+4i^2$$

$$=2+11i$$

L'ALGEBRA
OPERA
DI RAFAEL BOMBELLI da Bologna
Diuisa in tre Libri.
Con la quale ciascuno da se potrà venire in perfetta
cognitione della teorica dell'Arimetica.
Con vna Tauola copiosa delle materie, che
in essa si contengono.
Posta hora in luce à beneficio delli studiosi di
detta professione.
IN BOLOGNA,
Per Giouanni Rossi. MDLXXIX.
Con licenza de' Superiori.

图 104 《代数学》的扉页

因此

$$(2+i)^3=2+11i$$

同理也能得到：

$$(2-i)^3=2-11i$$

这样，邦贝利就能把卡尔达诺的通解：

$$x=\sqrt[3]{2+11i}+\sqrt[3]{2-11i}$$

解释为：

$$\begin{aligned} x &= (2+i)+(2-i) \\ &= 4 \end{aligned}$$

正是以这种方式，通过解开一个关于三次方程的谜团，虚数才真正进入了数学领域。

再来玩玩无限

$$\frac{1}{4}+\frac{1}{4^2}+\frac{1}{4^3}+\cdots=\frac{1}{3}$$

1736 年

莱昂哈德·欧拉（Leonhard Euler）发现了 π 的这个非凡的无穷级数：

$$1+\frac{1}{2^2}+\frac{1}{3^2}+\cdots=\frac{\pi^2}{6}$$

那么

$$1+\frac{1}{3^2}+\frac{1}{5^2}+\frac{1}{7^2}+\cdots$$

等于多少？

（答案见第 200 页）

27
黎曼探长探案……

1956 年冬天，一个寒冷的早晨，苏格兰场[1]的黎曼（Riemann）探长被叫去调查一起奇怪的入室盗窃案。

一大笔钱（346 573 英镑）神秘地从一个锁着的保险箱里消失了，但没有任何破门而入的迹象。

黎曼有着敏锐的洞察力和轮廓分明的容貌，他不失时机地就保险箱里的物品详情询问了失主。

“有很多贷方票据和借方票据。”那人说。

“有多少？”黎曼问道。

“无穷多。”那人说。

“那可是很多啊！”黎曼说，他开始怀疑自己能不能

---

① 苏格兰场（Scotland Yard）是英国首都伦敦警察厅的代称，由于成立时位处苏格兰王室宫殿旧址而得名。——译者注

办理好这个特殊的案子。

图 105　黎曼探长探案

“奇怪的事情是……”那人继续说道，“实际上什么都没少。”

“你是说它们都还在？”

“呃，”那人说，“昨晚我在回家前检查了保险箱里的所有东西。有 1 百万英镑的贷方票据，然后是$\frac{1}{2}$百万英镑的借方票据，然后$\frac{1}{3}$百万英镑的贷方票据，然后是$\frac{1}{4}$百万英镑的借方票据，以此类推。”

“所有这些的总数是多少呢？”黎曼问道。

“呃，”那人说，“以百万为单位，总数是

$$1-\frac{1}{2}+\frac{1}{3}-\frac{1}{4}+\frac{1}{5}-\frac{1}{6}+\frac{1}{7}-\frac{1}{8}\cdots$$

也就是 0.693147…”

“你是说 693 147 英镑?”

“是的,”那人说,“问题是,当我今天早上进来的时候,我觉得最好还是再检查一遍,把所有的贷方票据和借方票据都数一遍,但用的是不同的顺序。所以我在每数一张贷方票据之后,数两张借方票据。”

黎曼说:“你的意思是

$$\left(1-\frac{1}{2}-\frac{1}{4}\right)+\left(\frac{1}{3}-\frac{1}{6}-\frac{1}{8}\right)+\left(\frac{1}{5}-\frac{1}{10}-\frac{1}{12}\right)+\cdots?”$$

图 106　神秘失踪

“是的，没错，”那人说，“这样算了以后就有

$$\frac{1}{2}-\frac{1}{4}+\frac{1}{6}-\frac{1}{8}+\frac{1}{10}-\frac{1}{12}\cdots\text{”}$$

“那么总数是多少呢？”

“呃，”那人说，“这就等同于

$$\frac{1}{2}\left(1-\frac{1}{2}+\frac{1}{3}-\frac{1}{4}+\frac{1}{5}-\frac{1}{6}+\cdots\right)\text{。”}$$

“这只有原来的一半了！”

“这么说 346 573 英镑不见了？”黎曼说。

“没错，”那人说，“我想知道的是这些钱去哪儿了？”

28
无限带来的危险

事实上，根本没有发生过什么盗窃。

但是，确实发生了一件有点神秘的事情，为了理解这件事，我们需要更谨慎地对待一般的无穷级数。

我们遇到的第一个无穷级数是用巧克力来说明的，它是

$$\frac{1}{4}+\frac{1}{16}+\frac{1}{64}+\cdots=\frac{1}{3}$$

在第165页，我们还用图形证明得到了相同的结果，图107给出了另一种图形证明。

然而，事实上，这些证明都有点不正规、有点风险。

对于任何无穷级数，一种更安全、更谨慎的方法总是首先仅考虑前 n 项之和 S_n，然后仔细检验当 n 变得越来越大时会发生什么。

图 107　另一种图形证明

那么，对于这一特例中就有

$$S_n=\frac{1}{4}+\frac{1}{4^2}+\cdots+\frac{1}{4^n}$$

等式两边都乘以 4，得到

$$4S_n=1+\frac{1}{4}+\cdots+\frac{1}{4^{n-1}}$$

如果我们将上式减去 S_n 的表达式，就会发现有大多数项都惊人地抵消了，右边只剩下

$$3S_n=1-\frac{1}{4^n}$$

而且显而易见，随着 n 越来越大，$\frac{1}{4^n}$ 越来越小，S_n 越

来越接近$\frac{1}{3}$。

更重要的是，对于所有足够大的 n 值，我们可以使 S_n 尽可能接近$\frac{1}{3}$。更准确地说，这就是

$$\frac{1}{4}+\frac{1}{4^2}+\frac{1}{4^3}+\cdots=\frac{1}{3}$$

中的三个点的真正意思。

假如你很想知道为什么我突然对这一切变得如此谨慎，下面就给出答案。

再谈无限

1350 年，法国学者尼克尔 · 奥雷姆（Nicole Oresme，1320—1382）（图 108）研究了下面这个无穷级数：

图 108 尼克尔 · 奥雷姆

$$1+\frac{1}{2}+\frac{1}{3}+\frac{1}{4}+\cdots$$

并证明了虽然随着这个级数不断地延续下去，即使每一项变得越来越小，但是它没有有限和。

他首先按照以下方式对第一项之后的各项进行分组：

$$\frac{1}{2}$$

$$\frac{1}{3}+\frac{1}{4}$$

$$\frac{1}{5}+\frac{1}{6}+\frac{1}{7}+\frac{1}{8}$$

$$\cdots$$

使得每一组中的项数都是前一组的两倍。

奥雷姆随后观察到，$\frac{1}{3}+\frac{1}{4}$大于$\frac{1}{4}+\frac{1}{4}=\frac{1}{2}$，下一组大于$\frac{1}{8}+\frac{1}{8}+\frac{1}{8}+\frac{1}{8}=\frac{1}{2}$，再下一组大于$8\times\frac{1}{16}=\frac{1}{2}$，以此类推，一直这样进行下去。

对于奥雷姆级数，我们可以通过取足够大的 n，使前 n 项的和 S_n 任意大。

信不信由你，这为第 27 篇中的神秘盗窃案提供了侦破关键。

什么盗窃案?

如前所述，其实根本没有发生过什么盗窃。黎曼也不是苏格兰场的探长，他是 19 世纪著名的德国数学家，他证明了图 109 中的无穷级数确实会有不同的“和”，而这取决于我们将各项相加的顺序！

图 109　一个令人困惑的级数

要理解这一点，最简单的方法可能是考虑一个极端情况，我们决定首先计算所有正的项之和：

$$1+\frac{1}{3}+\frac{1}{5}+\frac{1}{7}+\cdots$$

这样做带来的问题在于，就像奥雷姆级数那样，它没有有限和，我们可以通过计算足够多的项来使累计总和尽可能大。

同理，负的各项的累计总和

$$-\frac{1}{2}-\frac{1}{4}-\frac{1}{6}-\cdots$$

则趋向于负无穷大——当我们意识到它就等于$-\frac{1}{2}$乘以奥雷姆原级数时，这一点就很明显了。

于是，如果我们在计算累计总和时，把正项和负项组合起来，那么最终结果将在很大程度上取决于我们如何组合，突然之间，这就不那么令人惊讶了。

事实上，黎曼表明，只要以足够巧妙的顺序取正项和负项，我们就可以使这个级数的累计总和收敛到我们喜欢的任何值。

难怪我们必须相当小心地处理数学中的无限！

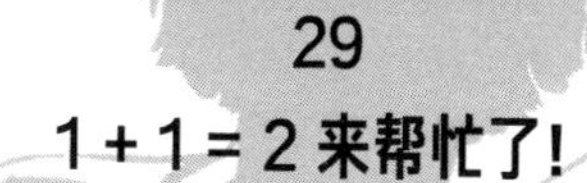

29
1 + 1 = 2 来帮忙了!

我认为，在一些不太常见的情况下，1 + 1 = 2 是解答一些棘手的数学题的关键。

举个例子，假设我们想用尽可能少的材料制作一个给定体积的汤罐（图 110）。

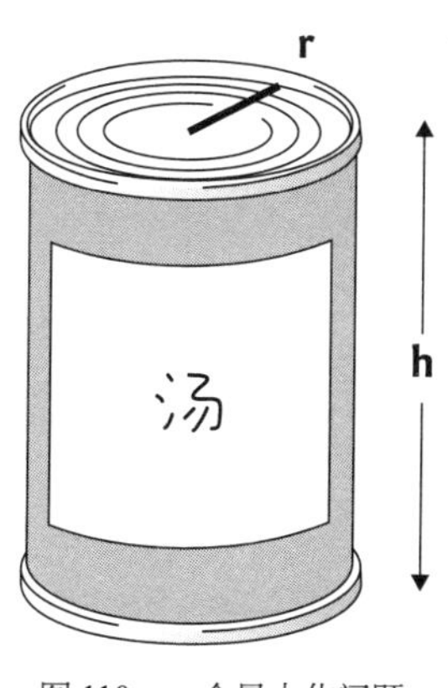

图 110　一个最小化问题

汤罐顶部和底部的周长均为 $2\pi r$，面积均为 πr^2，将两者分别乘以高度 h，我们发现曲面的面积为 $2\pi rh$，罐子的体积为 $\pi r^2 h$。

因此，我们希望使总表面积 $A = 2\pi r^2 + 2\pi rh$ 最小，同时保持体积 $V = \pi r^2 h$ 不变。

如果我们从这两个等式中消去 h，而得出以下 A 的表达式，那么我们的问题就是对于给定的、固定的 V 值，求使

$$A = 2\pi r^2 + \frac{2V}{r}$$

最小的 r 值。

我想，如何做到这一点现在还不明显。例如，减小 r 会使第一项 $2\pi r^2$ 变小，但会使第二项变大。

幸运的是，一个强有力的新想法就在眼前，它可以提供帮助。

一个关于算术平均值 – 几何平均值的不等式

这一重大结果如图 111 所示。左边是 n 个正数 x_1，x_2，⋯，x_n 的算术平均值（arithmetic mean，缩写为 AM）。这就是通常所说的平均值，只要简单地将各数

相加并除以 n 就能得到。

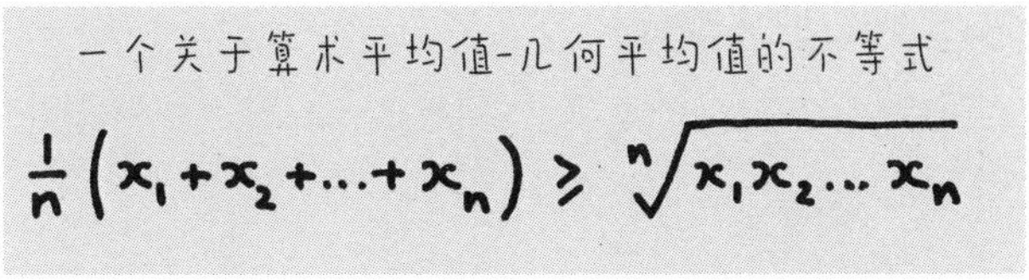

一个关于算术平均值-几何平均值的不等式

$$\frac{1}{n}\left(x_1+x_2+\ldots+x_n\right) \geq \sqrt[n]{x_1 x_2 \ldots x_n}$$

图 111　n 个正数 x_1，…，x_n 的算术平均值 – 几何平均值不等式

右边是另一个不同的平均值，称为几何平均值（geometric mean，缩写为 GM），它是通过将各数乘在一起，然后取 n 次根得到的。

值得注意的是，除非这 n 个数都相等，否则算术平均值总是大于几何平均值。在 n 个数都相等的情况下，算术平均值和几何平均值本身相等（见注释，第 201 页）。

例如，假设第 16 篇中那位困惑的农夫想要再次建造一块矩形田地，但这次是希望找到包围给定面积 A 的最短围栏长度。那么，按照图 112，这相当于在 $xy = A$ 的条件下使 $2(x+y)$ 最小。

现在，当 $n = 2$ 时，算术平均值 – 几何平均值不等式具有下面的形式：

$$\frac{1}{2}(x+y) \geqslant \sqrt{xy}$$

只有当 $x=y$ 时才取等号。

图 112　困惑的农夫，最后一次！

值得注意的是，对于我们这个特定的问题，这个式子的右边是一个已知的常数，它等于$\sqrt{A}$。所以 $x+y$ 永远不小于$2\sqrt{A}$，并且只有当 $x=y$ 时，$2(x+y)$ 才达到最小值。在这种情况下，这个围栏围成的形状又构成一个正方形。

同样的方法本质上也可以用来解答我们的汤罐问题——尽管会有一点意想不到的曲折……

意想不到的曲折

在这种情况下，我们从一个固定的已知体积值 V 开始，我们的问题是要选择 r，从而使表面积

$$A = 2\pi r^2 + \frac{2V}{r}$$

尽可能小。

由于 A 包含着两项之和，因此很自然的做法是再次尝试算术平均值 – 几何平均值不等式在 $n = 2$ 时的形式，但这一次它对于实现我们的目的实际上并没有用，因为此时不等式的右边与$\sqrt{r}$成正比，而在这个阶段，我们对 r 可能有多大或有多小根本没有概念。

在这种特殊情况下，诀窍是利用 1 + 1 = 2 将 $2V/r$ 这一项拆分为两个相等的部分，这样就可以应用算术平均值 – 几何平均值不等式在 $n=3$ 时的形式了，于是有：

$$\frac{1}{3}\left(2\pi r^2+\frac{V}{r}+\frac{V}{r}\right) \geqslant \sqrt[3]{2\pi r^2 \cdot \frac{V}{r} \cdot \frac{V}{r}}$$

至关重要的是，不等式右边的立方根现在是一个已知的常数，与 r 无关，这是因为我们的处理方式使 r 的各个因子相互抵消了。

因此，A 永远不会小于 $2\pi V^2$ 的立方根的 3 倍，并

且只有当不等式左边的三项都相等时，即当：

$$2\pi r^2 = \frac{V}{r}$$

时，它才会达到最小值。

再考虑到 $V = \pi r^2 h$，就能得出 $2r = h$，因此当汤罐的直径等于它的高度时，就可以使它的表面积最小。

从某种意义上说，这一切的关键就在于 $1 + 1 = 2$。

30
最后……

自从对第 02 篇以 A、B 和 C 为主角的那些略显荒谬的题目开始讨论以来，我们已经走过了一段很长的路程。

特别是，我们看到了代数的许多方面在发挥作用，通常是为了表达数学中的某种普遍思想，或者充当数学和物理世界之间的桥梁。

我们也看到了一些独特的数学推理，比如反证法和量纲法，更不用说那个有点奇怪的“用巧克力来证明”的方法了。

最后，我们不时地与无限打交道，事实上，这为通向包括微积分在内的许多高等数学提供了一条途径。

从 A、B 和 C 三人到现在，确实已经走过了漫长的道路。

不过，这让我自然而然地想起，在结束之前给这个主题一个简短的补充说明。

*　　*　　*

因为我一直有意无意地认为 A、B 和 C 这三个角色本身只是某一本被遗忘已久的 19 世纪教科书中的发明。

因此，最近当我获得一本艾萨克·牛顿撰写的《通用算术》（*Universal Arithmetick*，1728）时，我感到有些震惊。

这个书名表示我们会称为代数的东西，而这本书本身就是牛顿从 1673 年至 1683 年在剑桥所做讲座的翻译（译自拉丁语）。

他的一个例子（图 113）说明，A、B 和 C 比我想象的大约还要早 200 年就在努力工作了！

例：三名工人可以在一定时间内完成一项工作。A 在 3 周内完成 1 次，B 在 8 周内完成 3 次，C 在 12 周内完成 5 次。想知道的是，如果他们一起工作，那么需要多长时间能完成？

图 113　艾萨克·牛顿的《通用算术》（第 2 版，1728）中的 A、B 和 C

甚至牛顿是不是有可能发明了A、B和C这种题型？虽然这一大类的题目可以追溯到古代，但就A、B和C这些题型本身而言，似乎是完全不同的一件事。

无论如何，牛顿的例子还有一个额外的、非常引人注目的特点。

因为他自信地告诉我们，A可以在3周内完成这项工作，B可以在8周内完成3次，C可以在12周内完成5次。

仔细查看一下，C又一次胜出了！

注释

03　1089 戏法

如果第一位数字只比最后一位数字大 1，就会有一点困难。

逆序和相减得到 99，这个魔术看起来注定要失败。

然而，如果我们能找到一个借口把 99 写成 099，那么它仍然是可以奏效的，图 114 中这个 1922 年的美元和美分版本就是一个很好的例子（图中的单位均为美元）。

	\$6.73	\$9.91	\$2.31	\$0.01
	3.76	1.99	1.32	1.00
差	2.97	7.92	0.99	0.99
	7.92	2.97	9.90	9.90
和	\$10.89	\$10.89	\$10.89	\$10.89

图 114　摘自斯隆（Sloane）的《快速算术》（*Rapid Arithmetic*，1922）

* * *

我所知道的诀窍的最一般形式是最大货币单位是中间单位的 p 倍，中间单位是最小货币单位的 q 倍的情况。于是，最后的答案总是（$pq-1$）（$q+1$）个最小单位。特别是，当 p 和 q 都是 10 时，就得到 99×11，这实际上就是 1089。

* * *

2002 年 12 月，在英国数学史学会的一次圣诞会议上，我与大卫 · 辛马斯特（David Singmaster）有过一次对话，这极大地增进了我对这个戏法的历史的了解。

06　一场非同寻常的演讲

在欧几里得的《几何原本》（第 9 卷）命题 20 中，关于存在无穷多个素数的证明，具有相当不同的条理，并不是一个“全面的”反证法。

相反，他的证明思想是取任何有限的素数集合，将其中的素数全都乘起来，再加上 1。这样得到的数必须是以下两种情况之一：

（a）素数

（b）非素数，在这种情况下，它必定具有不属于原集合的一些素因数（因为除以原集合中的任何素数会得到余数 1）。

于是，无论是哪种情况，都必定存在着某个不属于原集合的新素数。

因此，不管你已经有了多少素数，总会有更多的素数。

08 益智数学

关于一块巧克力的题目

总是需要掰 23 次，因为每次你拿起一块，无论它的形状如何，当你按照指示的某种方式掰断它时，巧克力的块数都会增加 1。

骰子的滚动

答案是 6。

我所知道的最优雅的解答（几乎是下定决心专注于我们想要找到的东西），就是想象骰子在路径的尽头，然后想象它向后滚回去，以找出顶上那一面的起始位置。

在图 115 中，正如我们所看到的，我们想知道的那一面从顶上开始，然后向左，到达底下，然后变成向右，在转弯后一直保持向右，在转过第二个拐角后出现在顶上，因此一开始是向左的。

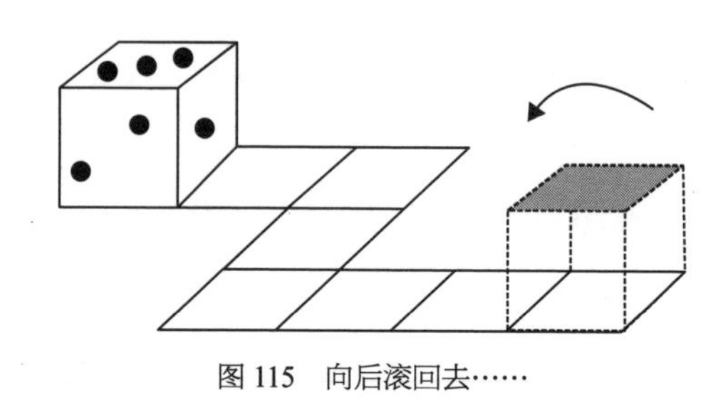

图 115　向后滚回去……

C 又“胜出”了！

我认为，最简单的方法是相对于其中一个人，比如说 A，来看待整个问题，那么 A 基本上就是“固定的”，而 B 每天移动 8 – 5 = 3 英里，C 每天移动 10 – 5 = 5 英里。

当 B 走完 N 整圈时，C 将走完 $\frac{5N}{3}$ 圈。因此，我们想要求出最小的正整数 N，使得 $\frac{5N}{3}$ 也是一个正整数。这个数显然是 $N=3$。

因为 B 需要 $\frac{73}{3}$ 天走完一圈，所以答案是 73 天。

残缺不全的国际象棋棋盘

我认为，对许多数学家来说，“证明如此这般是不可能的”这类问题，或多或少是在鼓励和提示他们尝试用反证法来证明。

那么，就假设这确实是可以办到的。

由于每一枚多米诺骨牌覆盖一个黑色方格和一个白色方格，因此“残缺不全的”棋盘上的黑色方格和白色方格的数量必须相等。

但它们并不相等，因为它们最初虽然是相等的，但我们是移除了两个黑色方格后才得到图 32 的。

所以我们最初的假设一定是错误的。

四张卡片的益智题

我们需要把第一张和最后一张卡片翻过来。

因为如果第一张卡片的反面是一个奇数，或者最后一张卡片的反面是黑色的，那么这条规则就不成立。否则，它就是成立的。

15 用巧克力来证明

60 年前，我在一本名为《玩玩无限》(*Playing with Infinity*, Bell, 1961) 的书中第一次发现了这个古怪的（我想也是鲜为人知的）证明，这本书的作者是匈牙利数学家罗莎 · 皮特（Rózsa Péter），但她自己将其归功于她

的导师拉斯洛 · 考尔马（László Kalmár）。

玩玩无限

假设存在这样一个（有限的）数，设

$$x=\sqrt{1+\sqrt{1+\sqrt{1+\cdots}}}$$

那么

$$x^2=1+\sqrt{1+\sqrt{1+\cdots}}$$
$$=1+x$$

这与第 92 页得出黄金比例的那个二次方程相同，因此

$$x=\frac{1+\sqrt{5}}{2}$$

*　　　*　　　*

根据同样的推理，得出

$$\sqrt{2+\sqrt{2+\sqrt{2+\cdots}}}=2$$

在某种程度上，这就是第 98 页上韦达的那个不同寻常的无限乘积是如何收敛到一个有限值的：乘积中的相继项越来越接近 1。

16　困惑的农夫

在有墙存在的情况下，x 的定义如图 116 所示，更标准的“配成平方”解答如下：

$$A = x\,(4 - 2x)$$
$$= -2x^2 + 4x$$
$$= -2\,(x^2 - 2x)$$

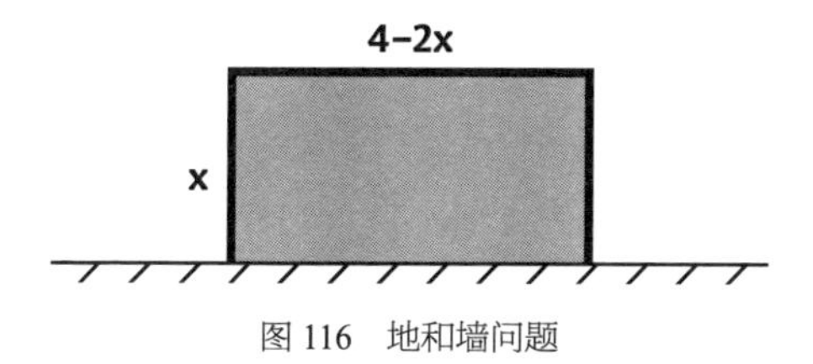

图 116　地和墙问题

配成平方给出：

$$A = -2\,(x - 1)^2 + 2$$

因此，当 $x = 1$ 时，A 有最大值。在这种情况下，$4 - 2x = 2$。

17　数学与斯诺克

第 106 页上的 $\frac{d'}{d}$ 的公式可以这样导出。

设母球和红球的球心最初位于 A 和 B，设 C 为撞击时母球的球心位置，设 G 为球袋中间的位置。

现在，三角形 AEC 和三角形 AGF 是“相似的”，也就是说，它们的形状完全相同。那么，它们的各条边都必定具有相同的比例，因此：

$$\frac{\mathrm{CE}}{\mathrm{FG}}=\frac{\mathrm{AE}}{\mathrm{AG}}$$

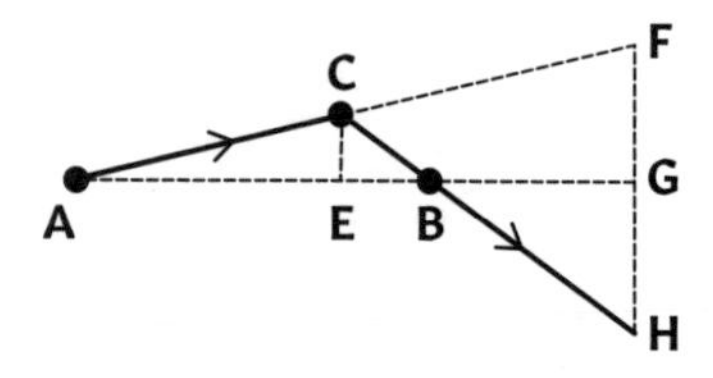

图 117　数学与斯诺克

同理，由三角形 BGH 和三角形 BEC 相似可得：

$$\frac{\mathrm{GH}}{\mathrm{CE}}=\frac{\mathrm{BG}}{\mathrm{EB}}$$

由这两式消去 CE，给出：

$$\frac{\mathrm{GH}}{\mathrm{FG}}=\frac{\mathrm{BG}\cdot\mathrm{AE}}{\mathrm{EB}\cdot\mathrm{AG}}$$

将这些都转化为图 66（第 105 页）中的符号，我们就得到

$$\frac{d'}{d}=\frac{(D-x)\cdot\mathrm{AE}}{\mathrm{EB}\cdot D}$$

到目前为止，分析一直是准确的——这是假设红球

沿着中心线 CB 被击出。

但是，如果初始误差非常小，因此 CE 比 AB 小得多，那么 EB 就几乎等于 CB，即 $2r$，而 AE 就几乎等于（$x-2r$），由此就得出了所要求的结果。

*　　*　　*

第 106 页的“配成平方”的细节如下：

$$
\begin{aligned}
&(D-x)(x-2r)\\
&=-x^2+(D+2r)x-2rD\\
&=-[x^2-(D+2r)x]-2rD\\
&=-\left[x-\left(\frac{D}{2}+r\right)\right]^2+\left(\frac{D}{2}+r\right)^2-2rD
\end{aligned}
$$

因此，当 $x=\frac{1}{2}D+r$ 时，就出现了（$D-x$）（$x-2r$）的最大值，这个最大值为：

$$\left(\frac{D}{2}+r\right)^2-2rD=\left(\frac{D}{2}-r\right)^2$$

18　一位邪恶的老师

在刘易斯·卡罗尔提出的问题中，$x-y=0$，这是因为 x 和 y 都等于 1。因此，整个推理实际上就是以下错误的“推理”，只是加了一层薄薄伪装而已：

$$0 \times 4 = 0 \times 5$$

（因为两边都是 0）——因此，除以 0 以后就得到：

$$4 = 5 !$$

19　列车、船和飞机

相遇之后继续行进

关于这个略有变化的问题，其中我们给定的是 T_a 和 T_b（第 118 页），设他们的相遇点 D 到 A 的距离是 D_A，到 B 的距离是 D_B。

那么，由于来自 A 的旅行者以恒定速度行进，设他到达相遇点花费的时间是 T，而此后花费的时间是 T_a，所以有：

$$\frac{T}{T_a} = \frac{D_A}{D_B}$$

对于来自 B 的旅行者，由同样的考虑给出：

$$\frac{T}{T_b} = \frac{D_B}{D_A}$$

由此可得 $T^2 = T_a T_b$。

因此，在辛普森的题目中（图 73），相遇时间为出发后的$\sqrt{4 \times 9} = 6$小时。

丢失的帽子

答案是1个小时。为了得出这个答案，最简单的方法显然是从一个随着河流运动的参照系来看待整个事件。

在这种处理之下，水看起来是静止的，帽子停留在它掉下去的地方，他离开帽子划了1个小时。因此，他需要1个小时才能划回来取回帽子。

（他在静水中的划船速度、河水的速度，这些都无关紧要。）

穿越地球之旅？

这一切都假定没有摩擦。它还（相当错误地）假设了地球是一个密度均匀的、完全的固体。

地球内部的重力产生的加速度于是就与离地心的距离成正比，这在整个问题的精细数学处理中起着关键作用。

如果你在静止状态下掉进隧道里，那么你会在中途达到最大速率，然后在另一头慢慢地再次停下来，只停一瞬间，然后再次掉回到隧道里（除非有人抓住你）。

穿过一条很短的隧道仍然需42分钟，其原因是这样的隧道几乎垂直于地球的引力场，因此重力沿隧道方向的分量就非常小了。

24 多米诺骨牌效应

图 97 中，对于立方和的关键计算是：

$$\frac{1}{4}N^2(N+1)^2+(N+1)^3$$

$$=\frac{1}{4}(N+1)^2[N^2+4(N+1)]$$

$$=\frac{1}{4}(N+1)^2(N+2)^2$$

而对于平方和的关键计算是：

$$\frac{1}{6}N(N+1)(2N+1)+(N+1)^2$$

$$=\frac{1}{6}(N+1)[N(2N+1)+6(N+1)]$$

$$=\frac{1}{6}(N+1)(2N^2+7N+6)$$

$$=\frac{1}{6}(N+1)(N+2)(2N+3)$$

25 实数还是虚数?

要解

$$ax^2+bx+c=0$$

首先将其除以 a（a 不为零）

$$x^2 + \frac{b}{a}x = -\frac{c}{a}$$

然后像第 78 页那样，在上式两边都加上$\left(\frac{b}{2a}\right)^2$，从而将左边“配成平方”

$$\left(x + \frac{b}{2a}\right)^2 = \left(\frac{b}{2a}\right)^2 - \frac{c}{a} = \frac{b^2}{4a^2} - \frac{c}{a} = \frac{b^2 - 4ac}{4a^2}$$

因此

$$x + \frac{b}{2a} = \pm\sqrt{\frac{b^2 - 4ac}{4a^2}} = \pm\frac{\sqrt{b^2 - 4ac}}{2a}$$

由此就得到了第 155 页图 99 中的通解。

26 −1 的平方根

要解三次方程

$$x^3 = px + q$$

首先将 x 写成 u，v 两部分之和

$$x = u + v$$

将此代入原方程，把等式左边展开，得到

$$u^3 + v^3 + 3uv(u + v) = p(u + v) + q$$

以这种方式引入两个新变量 u，v，而不仅仅是一个 x，这就让我们能够做出一个灵活的选择，现在我们

选择 v，使得

$$v = \frac{p}{3u}$$

将它代入上面那个等式，会导致很多量被抵消，只剩下

$$u^3 + v^3 = q$$

如果我们再在其中用$\frac{p}{3u}$代替 v，最终就得到一个变量为 u^3 的二次方程。

求解 u^3，然后利用 $v^3 = q - u^3$，就能给出第 160 页上的三次方程的通解。

再来玩玩无限

由我们已知的$1+\frac{1}{2^2}+\frac{1}{3^2}+\cdots=\frac{\pi^2}{6}$（由欧拉给出），有

$$1+\frac{1}{3^2}+\frac{1}{5^2}+\cdots=\frac{\pi^2}{6}-\left(\frac{1}{2^2}+\frac{1}{4^2}+\frac{1}{6^2}+\cdots\right)$$

但是右边的无穷级数就等同于

$$\frac{1}{4}\left(\frac{1}{1^2}+\frac{1}{2^2}+\frac{1}{3^2}+\cdots\right)$$

即$\frac{\pi^2}{6}$的$\frac{1}{4}$，因此

$$1+\frac{1}{3^2}+\frac{1}{5^2}+\cdots=\frac{\pi^2}{8}$$

29　1 + 1 = 2 来帮忙了！

一个关于算术平均值 – 几何平均值的不等式

设 x_1，x_2，…，x_n 是 n 个正数，它们的几何平均值为

$$G=\sqrt[n]{x_1x_2\cdots x_n}$$

算术平均值为

$$A=\frac{1}{n}(x_1+x_2+\cdots+x_n)$$

如果这 n 个数都等于 X，那么 $A=G=X$。

现在假设这 n 个数不都相等。那么有些必然会大于 G，有些则会小于 G，因为它们的几何平均值是 G。

现在的做法是，在比 G 小的数中选一个 a，在比 G 大的数中选一个 b，那么就有 $a<G<b$。然后用 G 和 $\frac{ab}{G}$ 这两个数取代 a 和 b 这两个数。由于 G 和 $\frac{ab}{G}$ 这两个数的乘积就是 ab，因此这会使所有 n 个数的几何平均值保持不变（等于 G），但会使算术平均值减小，这是因为

$$a+b>G+\frac{ab}{G}$$

[这个不等式可由（$G-a$）（$b-G$）>0 直接得到。]

这样继续下去，每一步都会使算术平均值进一步减小，最多 $n-1$ 步之后，所有 n 个数都会被 G 取代，最终算术平均值也会是 G。

因此，原来的算术平均值 A 一定大于 G，这就是我们要设法证明的。

30　最后……

事实上，牛顿在举了图 113 中的那个 A、B 和 C 三人的例子之前，已对一般情况进行了代数处理（图 118）。

原稿（拉丁文）可以在剑桥大学数字图书馆在线查看，编号为 MS Add. 3993。它一部分是牛顿亲手书写的，一部分由他的誊写员汉弗莱 · 牛顿（Humphrey Newton）抄写。它可以追溯到 17 世纪 80 年代，A、B 和 C 三人的那个例子出现在第 184 页。

第 7 题

给定几个力，若它们一起完成一件给定的任务 d，试确定为此所需的时间 x。

设这三个力为 A、B、C，它们在时间 e、f、g 内可以分别产生效应 a、b、c。那么这些力在时间 x 内将产生效果$\frac{ax}{e}$、$\frac{bx}{f}$、$\frac{cx}{g}$，因此$\frac{ax}{e}+\frac{bx}{f}+\frac{cx}{g}=d$，由此得到$x=\dfrac{d}{\frac{a}{e}+\frac{b}{f}+\frac{c}{g}}$。

图 118　摘自牛顿的《通用算术》(1728)

致谢

和以往一样，我非常感谢牛津大学出版社的工作人员在本书出版过程中如此精心和细致，特别感谢艾玛 · 斯劳特（Emma Slaughter）、亨利 · 克拉克（Henry Clarke）和莱莎 · 梅农（Latha Menon）。

我还要感谢帕特里克 · 莱格（Patrick Leger）提供的封面插图，以及乔恩 · 戴维斯（Jon Davis）的一些别具一格的内页插图，如图 5、图 67、图 71 和图 105 等。

图片来源

图1	© Sidney Harris / ScienceCartoonsPlus.com
图6	History and Art Collection / Alamy Stock Photo
图10	Courtesy of David Acheson
图23	© The Aperiodical
图25	AF Fotografie / Alamy Stock Photo
图45	© Sidney Harris / ScienceCartoonsPlus.com
图49	E. F. Smith Collection, Kislak Center for Special Collections, Rare Books and Manuscripts, University of Pennsylvania
图69	Lebrecht Music & Arts / Alamy Stock Photo
图85	© Springer Netherlands 1986
图103	Chronicle / Alamy Stock Photo
图108	Magite Historic / Alamy Stock Photo
第26页（下）	Yuriy Boyko / Shutterstock
第27页（上左）	The Picture Art Collection / Alamy Stock Photo
第27页（下）	IanDagnall Computing / Alamy Stock Photo
第55页（下）	World History Archive / Alamy Stock Photo
第98页（上）	Science History Images / Alamy Stock Photo

第166页（上）　history_docu_photo / Alamy Stock Photo

The publisher and author apologize for any errors or omissions in the above list. If contacted they will be pleased to rectify these at the earliest opportunity.

索引

A

A, B, and C 5, 7, 40, 152, 157, 167
acceleration:
  due to gravity 108, 130
  in circular motion 109
aerodynamics 53
algebra:
  history of 22, 25, 62, 66, 73, 80, 133, 137, 153
  major results 3, 46, 48, 50, 58, 90
  rules of 46
Al-Kharizmi 22
AM-GM inequality 148, 166
apple, falling 107, 112
Archimedes 70
area:
  defined 49
  of circle 70, 147
arithmetic mean 148, 166

B

Babington, John 60
Babylon 22, 62
Baghdad, 'House of Wisdom' 22
bath-filling 5, 44, 102
Bombelli, Raffaele 134
Bonnycastle, John 40
Botham, William 41, 103
Boy's Own Paper 14

C

Calandri, Filippo 44
Cardano, Girolamo 133
Carroll, Lewis, *see* Dodgson, Charles
centrifugal force 114
centripetal acceleration 109, 117
chessboard problem

42, 158
chocolate:
breaking 39, 156
proof by 76, 158
Christie, Agatha 45
circle:
circumference 68
area 70
circular motion 109, 116
circumference 68, 147
Clifton College, Bristol 35
Cole, Frank Nelson 29
completing the square 62, 64, 83, 87, 128, 161, 164
conservation of energy 112
contradiction, proof by 17, 152
converse 43
cryptography 32
cubes, sums of 126
cubic equation 132, 164

D

del Ferro, Scipione 133
Descartes, Rene 23, 110
dice problem 40, 157
dimensions, method of 115, 152
distance-time graph 105
distributive rule 50
Dodgson, Charles 14, 91
domino effect 124, 163
dynamics 107

E

Earth, journey through 120, 163
Eastaway, Rob 86
energy 112
equations:
cubic 132, 164
quadratic 63, 74, 128, 164, 165
simultaneous 6, 9, 67
Euclid 25
and prime numbers 33, 156
Euler, Leonhard 137
exterminate 67
extreme case 98

F

farmer, puzzled 82, 92, 149, 159
Fenning, Daniel 46, 64
Fibonacci 73
Flammarion, Camille 121
flight, windy 98
force 108, 114, 116, 118
formula 2
four-card puzzle 43, 158
four-colour theorem 36

fractional powers 94
fractions 6, 96
frequency 2, 118

G

Galileo 53
Gauss, C. F. 122
generality 2, 37, 123, 152, 155
geometric mean 149, 166
geometry 24
golden ratio 73, 81, 159
graph 55, 105
guitar 2, 115

H

hat, missing 100, 162
Hobbes, Thomas 66
hole through the earth 120
Holmes, Sherlock 17

I

i 132
imaginary numbers 132
imagination 24, 40, 83
inclined plane 54
induction, proof by 123, 163
infinite series 76, 136, 139, 142, 144, 165
infinity 21, 37, 71, 80, 159
instability 131
isosceles triangle 26
I-Spy Annual 12

K

Kalmár, László 158
kinetic energy 112

L

ladder problem 94, 103
Leacock, Stephen 7
least time, path of 93
lift on a wing 53
light, refraction of 93
loop-the-loop 111

M

magic square 18
magic trick 11, 155
Mahavira 104
mass 2, 108, 112, 116
'Maths Inspiration' 86
Maurolico, Francesco 125
maximization 82, 87, 92, 159, 160
Mersenne, Marin 31
minimization 93, 147, 149
money, missing 138
motion 95
  in a circle 109, 116

N

negative numbers, product of 51
Newton, Sir Isaac 107, 152, 167
numbers:
  imaginary 132
  Mersenne 31
  negative, product of 51
  prime 30, 156
  real 128, 134
  square 53

O

optimization 83
Oresme, Nicole 144
oscillation 2, 57, 115, 117

P

Pendulum 57, 117
Péter, Rózsa 158
pi:
  defined 68
  measuring 69
  infinite product for 80
  infinite series for 137
picture proof 58, 142
powers, fractional 94
prime number 30
proof:
  by algebra 59, 61
  by chocolate 76
  by contradiction 17, 152
  by induction 123, 163
  by picture 58, 142
  need for 37, 38
puzzles 39
Pythagoras's theorem 59, 60

Q

quadratic equation 63, 74, 128, 164, 165

R

radius 68
real numbers 128
Recorde, Robert 23
rectangle, area of 49
Robinson, Julia 37
rollercoaster dynamics 111

S

schoolteacher, wicked 89
semicircle, angle in 24
similar triangles 103, 160
Simpson, Thomas 67, 97, 162
simultaneous equations 6, 9, 67
Singmaster, David 156
Smith, James Hamblin 8
snooker 86, 160

soap film 93
soup can minimization 147
speed:
in uniform motion 95
of falling apple 112
square, completing the,
see completing the square
square, magic 18
square roots 55, 80
notation for 56
squaring in algebra 53, 54
squares, sums of 126, 163
stability 129
Strand Magazine 121
symmetry 97

T

Tartaglia, Niccolo 133
Thales' theorem 24
proof of 27
theorem:
four-colour 36
infinitely many primes 33
Thales 24
top, spinning 129
trains, passing 96, 106, 162
triangle:
angle-sum 26
isosceles 26
two-colour theorem 126

V

vibrations 2, 115
Viète, Francois 80, 159
volume 147

W

Wallis, John 66
Wilson, J.M. 35

X

x, *y*, *z* as 'unknowns' 23

Y

Young Algebraist's Companion 47, 64

Z

zero, dividing by 91, 161

撕下来，当演算纸吧！

A
B
C

A
B
C